21世纪高等职业教育通用教材

应用高等数学基础

——线性代数与概率统计

（第二版）

主编　朱长坤
主审　翟向阳

上海交通大學出版社

内 容 提 要

本书介绍线性代数与概率统计的基础知识与应用。内容包括行列式、矩阵、线性方程组、随机事件及其概率、随机变量及其数字特征、参数估计与假设检验以及 Matlab 在线性代数与概率统计中的应用等。为便于学习，书中每章配有内容提要、习题和自测题。本书适合于高职有关专业与工科类通用教材使用。

图书在版编目(CIP)数据

应用高等数学基础:线性代数与概率统计/朱长坤主编.—2版.—上海:上海交通大学出版社,2008(2011重印)
21世纪高等职业教育通用教材
ISBN 978-7-313-04096-1

Ⅰ.应… Ⅱ.朱… Ⅲ.①线性代数－高等学校:技术学校－教材 ②概率论－高等学校:技术学校－教材 ③数理统计－高等学校:技术学校－教材
Ⅳ.O13

中国版本图书馆 CIP 数据核字(2008)第100544号

应用高等数学基础
——线性代数与概率统计
(第二版)
朱长坤 主编
上海交通大学出版社出版发行
(上海市番禺路951号 邮政编码200030)
电话:64071208 出版人:韩建民
上海交大印务有限公司 印刷 全国新华书店经销
开本:880mm×1230mm 1/32 印张:7 字数:204千字
2005年9月第1版 2008年8月第2版 2011年12月第7次印刷
印数:3030
ISBN 978－7－313－04096－1/O·178 定价:16.00元

序

发展高等职业教育，是实施科教兴国战略、贯彻《高等教育法》与《职业教育法》、实现《中国教育改革与发展纲要》及其《实施意见》所确定的目标和任务的重要环节；也是建立健全职业教育体系、调整高等教育结构的重要举措。

近年来，年轻的高等职业教育以自己鲜明的特色，独树一帜，打破了高等教育界传统大学一统天下的局面，在适应现代社会人才的多样化需求、实施高等教育大众化等方面，做出了重大贡献。从而在世界范围内日益受到重视，得到迅速发展。

我国改革开放不久，从 1980 年开始，在一些经济发展较快的中心城市就先后开办了一批职业大学。1985 年，中共中央、国务院在关于教育体制改革的决定中提出，要建立从初级到高级的职业教育体系，并与普通教育相沟通。1996 年《中华人民共和国职业教育法》的颁布，从法律上规定了高等职业教育的地位和作用。目前，我国高等职业教育的发展与改革正面临着很好的形势和机遇：职业大学、高等专科学校和成人高校正在积极发展专科层次的高等职业教育；部分民办高校也在试办高等职业教育；一些本科院校也建立了高等职业技术学院，为发展本科层次的高等职业教育进行探索。国家学位委员会 1997 年会议决定，设立工程硕士、医疗专业硕士、教育专业硕士等学位，并指出，上述学位与工程学硕士、医学科学硕士、教育学硕士等学位是不同类型的同一层次。这就为培养更高层次的一线岗位人才开了先河。

高等职业教育本身具有鲜明的职业特征，这就要求我们在改革课程体系的基础上，认真研究和改革课程教学内容及教学方法，努力加强教材建设。但迄今为止，符合职业特点和需求的教材却还不多。由泰州职业技术学院、上海第二工业大学、金陵职业大学、扬州职业大学、彭城职业大学、沙洲职业工学院、上海交通高等职业技术学校、上海交通大学技术学院、上海汽车工业总公司职工大学、立信会计高等专科学校、江阴职工大学、江南学院、常州技术师范学院、苏州职业大学、锡山职业教育中心、上海商业职业技术学院、潍坊学院、上海工程技术大学等百余所院校长期从事高等职业教育、有丰富教学经验的资深教师共同编写的《21世纪高等职业教育通用教材》，将由上海交通大学出版社等陆续向读者朋友推出，这是一件值得庆贺的大好事，在此，我们表示衷心的祝贺。并向参加编写的全体教师表示敬意。

高职教育的教材面广量大，花色品种甚多，是一项浩繁而艰巨的工程，除了高职院校和出版社的继续努力外，还要靠国家教育部和省(市)教委加强领导，并设立高等职业教育教材基金，以资助教材编写工作，促进高职教育的发展和改革。高职教育以培养一线人才岗位与岗位群能力为中心，理论教学与实践训练并重，两者密切结合。我们在这方面的改革实践还不充分。在肯定现已编写的高职教材所取得的成绩的同时，有关学校和教师要结合各校的实际情况和实训计划，加以灵活运用，并随着教学改革的深入，进行必要的充实、修改，使之日臻完善。

阳春三月，莺歌燕舞，百花齐放，愿我国高等职业教育及其教材建设如春天里的花园，群芳争妍，为我国的经济建设和社会发展作出应有的贡献！

叶春生

2000年5月

前　　言

我国的高等教育体制改革正在不断深化，作为其重要组成部分的高等职业教育也正在蓬勃发展，我们需要培养一大批既具有必要理论知识，又具有较强实践能力的从事生产、建设、管理、服务等第一线工作的专门人才。其中理论教学应“以应用为目的，以必需、够用为度，以掌握概念、强化应用为教学重点”。为适应和满足高等职业教育的改革，我们组织编写了《应用高等数学基础——线性代数与概率统计》。

本教材是《应用高等数学基础》的一个分册，内容分三部分：第一部分（第1章～第3章）线性代数，包括了行列式、矩阵、线性方程组等内容；第二部分（第4章～第6章）为概率论与数理统计，包含了随机事件及其概率、随机变量及其数字特征和参数估计与假设检验等内容；第三部分（第7章）为数学实验，包含了 Matlab 在线性代数和概率统计中的应用。

本分册的主要特色体现在以下三方面：

(1) 在保留核心内容的前提下，教学课时有较大幅度的压缩，以适应高职教育高等数学少学时的教学需要。

(2) 本分册的内容简洁，实用性强。每章都配有内容提要、习题和自测题，便于实践教学和同学自学的需要。

(3) 本分册引入了计算机软件 Matlab，体现了教学改革的方向。

本分册由朱长坤任主编，刘大瑾、王洁明任副主编（以姓氏笔画为序），翟向阳主审。参加编写的有（以姓氏笔画为序）王洁明、朱长坤、朱永林、仲盛、李彦、沈缨、吴叶民、沐雨芳、施荣盛、顾春华、徐亚丹、董则荣、翟向阳。

由于编者的水平和时间所限，书中不当之处，盼望广大读者及同行专家给予批评指正。

编者

2005年6月

目录

第1章 行列式

内容提要：本章主要介绍 n 阶行列式的定义、性质及计算方法，此外还介绍了用 n 阶行列式求解 n 元线性方程组的克莱姆(Cramer)法则。

1.1 行列式的概念

二阶和三阶行列式

在初等数学中，我们用加减消元法求解二元一次方程组

$$\begin{cases} a_{11}x_1 + a_{12}x_2 = b_1, \\ a_{21}x_1 + a_{22}x_2 = b_2, \end{cases} \tag{1-1}$$

得

$$\begin{cases} (a_{11}a_{22} - a_{12}a_{21})x_2 = a_{11}b_2 - a_{21}b_1, \\ (a_{11}a_{22} - a_{12}a_{21})x_1 = a_{22}b_1 - a_{12}b_2。 \end{cases} \tag{1-2}$$

为了方便使用和记忆，将 x_1, x_2 的公有系数记为

$$\begin{vmatrix} a_{11} & a_{12} \\ a_{21} & a_{22} \end{vmatrix}, \tag{1-3}$$

称为二阶行列式，即

$$\begin{vmatrix} a_{11} & a_{12} \\ a_{21} & a_{22} \end{vmatrix} = a_{11}a_{22} - a_{12}a_{21}。$$

数 $a_{ij}(i=1,2;j=1,2)$ 称为行列式(1-3)的**元素**，元素 a_{ij} 的第一个下标 i 称为行标，表明该元素位于第 i 行，第二个下标 j 称为列标，表明该元素位于第 j 列。

上述二阶行列式的定义，可用以下的对角线法则

$$\begin{vmatrix} a_{11} & a_{12} \\ a_{21} & a_{22} \end{vmatrix}$$

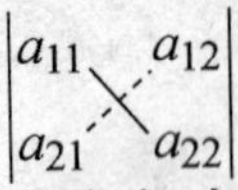

来记忆。把 a_{11} 到 a_{22} 的实连线称为**主对角线**，a_{12} 到 a_{21} 的虚连线称为**副对角线**，于是二阶行列式便是主对角线上的两元素之积与副对角线上两元素之积的差。

　　根据对角线法则，式(1-2)中的 $a_{22}b_1 - a_{12}b_1 - a_{12}b_2$、$a_{11}b_2 - a_{21}b_1$ 可分别简记为 $\begin{vmatrix} b_1 & a_{12} \\ b_2 & a_{22} \end{vmatrix}$、$\begin{vmatrix} a_{11} & b_1 \\ a_{12} & b_2 \end{vmatrix}$，当 $\begin{vmatrix} a_{11} & a_{12} \\ a_{21} & a_{22} \end{vmatrix} \neq 0$ 时，方程组(1-1)

的解可以表示为 $x_1 = \dfrac{\begin{vmatrix} b_1 & a_{12} \\ b_2 & a_{22} \end{vmatrix}}{\begin{vmatrix} a_{11} & a_{12} \\ a_{21} & a_{22} \end{vmatrix}}$，$x_2 = \dfrac{\begin{vmatrix} a_{11} & b_1 \\ a_{21} & a_{b_2} \end{vmatrix}}{\begin{vmatrix} a_{11} & a_{12} \\ a_{21} & a_{22} \end{vmatrix}}$，这种方程组解的表

示方法即为本章1.3要介绍的克莱姆法则。

　　类似地，定义由 3^2 个数组成的符号 $\begin{vmatrix} a_{11} & a_{12} & a_{13} \\ a_{21} & a_{22} & a_{23} \\ a_{31} & a_{32} & a_{33} \end{vmatrix}$ 表示数值

$a_{11}a_{22}a_{33} + a_{12}a_{23}a_{31} + a_{13}a_{21}a_{32} - a_{11}a_{23}a_{32} - a_{12}a_{21}a_{33} - a_{13}a_{22}a_{31}$，

称为三阶行列式。这个算式可按如下便于记忆的对角线法则来得到：

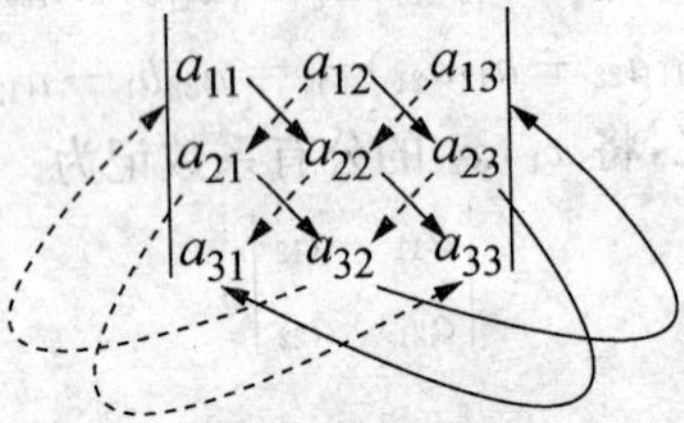

图中三条实线上的三个元素的乘积都带正号，位于三条虚线上的三个元素的乘积都带负号，它们的代数和就是三阶行列式的值，即

$$\begin{vmatrix} a_{11} & a_{12} & a_{13} \\ a_{21} & a_{22} & a_{23} \\ a_{31} & a_{32} & a_{33} \end{vmatrix} = \begin{aligned} & a_{11}a_{22}a_{33} + a_{12}a_{23}a_{31} + a_{13}a_{21}a_{32} \\ & - a_{11}a_{23}a_{32} - a_{12}a_{21}a_{33} - a_{13}a_{22}a_{31} \end{aligned} \tag{1-4}$$

容易验证，三阶行列式可以通过比它低一阶的二阶行列式的展开

式来计算，即

$$D=\begin{vmatrix}a_{11}&a_{12}&a_{13}\\a_{21}&a_{22}&a_{23}\\a_{31}&a_{32}&a_{33}\end{vmatrix}$$

$$=a_{11}\begin{vmatrix}a_{22}&a_{23}\\a_{32}&a_{33}\end{vmatrix}-a_{12}\begin{vmatrix}a_{21}&a_{23}\\a_{31}&a_{33}\end{vmatrix}+a_{13}\begin{vmatrix}a_{21}&a_{22}\\a_{31}&a_{32}\end{vmatrix},\tag{1-5}$$

其中三个二阶行列式分别是在原来的三阶行列式 D 中划去第一行元素 $a_{1j}(j=1,2,3)$ 所在的第一行和第 j 列的元素，剩下的元素保持原来的相对位置所组成的二阶行列式，而每一项的符号等于 $(-1)^{1+j}$，即

$$D=(-1)^{1+1}a_{11}\begin{vmatrix}a_{22}&a_{23}\\a_{32}&a_{33}\end{vmatrix}+(-1)^{1+2}a_{12}\begin{vmatrix}a_{21}&a_{23}\\a_{31}&a_{33}\end{vmatrix}$$

$$+(-1)^{1+3}a_{13}\begin{vmatrix}a_{21}&a_{22}\\a_{31}&a_{32}\end{vmatrix}。\tag{1-6}$$

例 1.1　计算行列式 $D=\begin{vmatrix}1&2&-4\\-2&2&1\\-3&4&-2\end{vmatrix}$。

解法一（利用对角线法则）：

$$\begin{vmatrix}1&2&-4\\-2&2&1\\-3&4&-2\end{vmatrix}=1\times2\times(-2)+2\times1\times(-3)+(-4)\times(-2)$$

$$\times4-1\times1\times4-2\times(-2)\times(-2)-(-4)\times2$$

$$\times(-3)$$

$$=-4-6+32-4-8-24$$

$$=-14。$$

解法二（按第一行展开）：

$$\begin{vmatrix}1&2&-4\\-2&2&1\\-3&4&-2\end{vmatrix}=(-1)^{1+1}\times1\times\begin{vmatrix}2&1\\4&-2\end{vmatrix}+(-1)^{1+2}\times2$$

$$\times\begin{vmatrix}-2&1\\-3&-2\end{vmatrix}+(-1)^{1+3}\times(-4)\times\begin{vmatrix}-2&2\\-3&4\end{vmatrix}$$

$$=-8-14+8$$
$$=-14。$$

例 1.2　求解方程 $\begin{vmatrix} 1 & 1 \\ x & x^2 \end{vmatrix}=0$。

解　方程左端的二阶行列式 $D=1\times x^2-1\times x=x^2-x$，由 $x^2-x=0$ 解得 $x=0$ 或 $x=1$。

1.1.2　n 阶行列式

三阶行列式可以按第一行展开成三个二阶行列式的代数和，同样，可用三阶行列式来定义四阶行列式，依此类推。按照这一规律在定义了 $n-1$ 阶行列式的基础上，便可得到 n 阶行列式的定义。

定义 1.1　（n 阶行列式递推定义法）：由 n^2 个数组成的符号 $\begin{vmatrix} a_{11} & a_{12} & \cdots & a_{1n} \\ a_{21} & a_{22} & \cdots & a_{2n} \\ \vdots & \vdots & & \vdots \\ a_{n1} & a_{n2} & \cdots & a_{nn} \end{vmatrix}$ 称为 n 阶行列式，其值为

$$(-1)^{1+1}a_{11}\begin{vmatrix} a_{22} & a_{23} & \cdots & a_{2n} \\ a_{32} & a_{33} & \cdots & a_{3n} \\ \vdots & \vdots & & \vdots \\ a_{n2} & a_{n3} & \cdots & a_{nn} \end{vmatrix}+(-1)^{1+2}a_{12}\begin{vmatrix} a_{21} & a_{23} & \cdots & a_{2n} \\ a_{31} & a_{33} & \cdots & a_{3n} \\ \vdots & \vdots & & \vdots \\ a_{n1} & a_{n3} & \cdots & a_{nn} \end{vmatrix}+\cdots$$

$$+(-1)^{1+n}a_{1n}\begin{vmatrix} a_{21} & a_{22} & \cdots & a_{2,n-1} \\ a_{31} & a_{32} & \cdots & a_{3,n-1} \\ \vdots & \vdots & & \vdots \\ a_{n1} & a_{n2} & \cdots & a_{n,n-1} \end{vmatrix},$$

其中 $a_{ij}\,(i,j=1,2,\cdots,n)$ 称为 n 阶行列式的元素，通常将 n 阶行列式简记为 Δ 或用大写字母(如 D)表示。

n 阶行列式从左上角到右下角的元素 $a_{11},a_{22},\cdots,a_{nn}$ 的连线称为**主对角线**，从右上角到左下角的元素 $a_{1n},a_{2,n-1},\cdots,a_{n1}$ 的连线称为**副对角线**。

定义 1.2　在 n 阶行列式中，把元素 $a_{ij}\,(i,j=1,2,\cdots,n)$ 所在的第

i 行和第 j 列划去后，余下的元素按原次序组成的 $n-1$ 阶行列式称为元素 a_{ij} 的**余子式**，记作 M_{ij}。又，记$(-1)^{i+j}M_{ij}=A_{ij}$，则称 A_{ij} 为元素 a_{ij} 的**代数余子式**。

因而 n 阶行列式的定义可简述为：n 阶行列式等于它的第一行各元素与其对应的代数余子式乘积之和，即

$$D=\begin{vmatrix} a_{11} & a_{12} & \cdots & a_{1n} \\ a_{21} & a_{22} & \cdots & a_{2n} \\ \vdots & \vdots & & \vdots \\ a_{n1} & a_{n2} & \cdots & a_{nn} \end{vmatrix}=a_{11}A_{11}+a_{12}A_{12}+\cdots+a_{1n}A_{1n},$$

上式简称为将行列式 D 按第一行展开的展开式。

例 1.3　计算四阶行列式 $D=\begin{vmatrix} 2 & 0 & 0 & -3 \\ 1 & 0 & 3 & 0 \\ 2 & -3 & 6 & 1 \\ 1 & 6 & 2 & -3 \end{vmatrix}$。

解

$$\begin{aligned} D &= 2\times(-1)^{1+1}\begin{vmatrix} 0 & 3 & 0 \\ -3 & 6 & 1 \\ 6 & 2 & -3 \end{vmatrix}+(-3)\times(-1)^{1+4}\begin{vmatrix} 1 & 0 & 3 \\ 2 & -3 & 6 \\ 1 & 6 & 2 \end{vmatrix} \\ &= 2\times3\times(-1)^{1+2}\begin{vmatrix} -3 & 1 \\ 6 & -3 \end{vmatrix}+3\times\left[1\times(-1)^{1+1}\begin{vmatrix} -3 & 6 \\ 6 & 2 \end{vmatrix}+3\times(-1)^{1+3}\begin{vmatrix} 2 & -3 \\ 1 & 6 \end{vmatrix}\right] \\ &= -6\times3+3\times3 \\ &= -9。 \end{aligned}$$

下面来计算几种特殊的 n 阶行列式，其中未写出的元素都是 0。

例 1.4　称仅在对角线上有非零元素的行列式为**对角行列式**。证明：对角行列式

$$\begin{vmatrix} \lambda_1 & & & \\ & \lambda_2 & & \\ & & \ddots & \\ & & & \lambda_n \end{vmatrix} = \lambda_1\lambda_2\cdots\lambda_n,\quad \begin{vmatrix} & & & \lambda_1 \\ & & \lambda_2 & \\ & \iddots & & \\ \lambda_n & & & \end{vmatrix} = (-1)^{\frac{n(n-1)}{2}}\lambda_1\lambda_2\cdots\lambda_n。$$

证明 第一式,同学们自证。

对第二个行列式,注意到降阶时,元素 $\lambda_1,\lambda_2,\cdots,\lambda_n$ 在第 $n,n-1,\cdots,2,1$ 列,故有

$$\begin{vmatrix} & & & \lambda_1 \\ & & \lambda_2 & \\ & \iddots & & \\ \lambda_n & & & \end{vmatrix}_n = \lambda_1(-1)^{1+n}\begin{vmatrix} & & & \lambda_2 \\ & & \lambda_3 & \\ & \iddots & & \\ \lambda_n & & & \end{vmatrix}_{n-1}$$

$$= \lambda_1\cdot(-1)^{1+n}\cdot\lambda_2\cdot(-1)^{1+(n-1)}\begin{vmatrix} & & & \lambda_3 \\ & & \lambda_4 & \\ & \iddots & & \\ \lambda_n & & & \end{vmatrix}_{n-2}$$

$$= \cdots$$

$$= (-1)^{1+n}\cdot(-1)^{1+(n-1)}\cdot\cdots\cdot(-1)^{1+2}\cdot(-1)^{1+1}\lambda_1\lambda_2\cdots\lambda_n$$

$$= (-1)^{n+\frac{n(n+1)}{2}}\lambda_1\lambda_2\cdots\lambda_n$$

$$= (-1)^{\frac{n(n-1)}{2}}\lambda_1\lambda_2\cdots\lambda_n。$$

例 1.5 称主对角线以上(下)的元素都为 0 的行列式为下(上)三角行列式。证明:下三角行列式

$$D = \begin{vmatrix} a_{11} & & & \\ a_{21} & a_{22} & & \\ \vdots & \vdots & \ddots & \\ a_{n1} & a_{n2} & \cdots & a_{nn} \end{vmatrix} = a_{11}a_{22}\cdots a_{nn}。$$

证明 按 n 阶行列式的定义,依次降低其阶数,每次都仅有一项不为 0,故有

$$D = a_{11}(-1)^{1+1}\begin{vmatrix} a_{22} & & & \\ a_{32} & a_{33} & & \\ \vdots & \vdots & \ddots & \\ a_{n2} & a_{n3} & \cdots & a_{nn} \end{vmatrix} = \cdots$$

$$= a_{11}(-1)^{1+1}a_{22}(-1)^{1+1}\cdots a_{nn} = a_{11}a_{22}\cdots a_{nn}。$$

1.2　行列式的性质与计算

1.2.1　行列式的基本性质

按照行列式的定义直接计算行列式，当阶数较大时，计算较为麻烦。为简化运算，我们讨论行列式的性质。先给出转置行列式的定义。

定义 1.3　将行列式 D 的行与相应的列互换后所得行列式，称为 D 的**转置行列式**，记为 D^{T}，即

$$D = \begin{vmatrix} a_{11} & a_{12} & \cdots & a_{1n} \\ a_{21} & a_{22} & \cdots & a_{2n} \\ \vdots & \vdots & & \vdots \\ a_{n1} & a_{n2} & \cdots & a_{nn} \end{vmatrix},D^{\mathrm{T}} = \begin{vmatrix} a_{11} & a_{21} & \cdots & a_{n1} \\ a_{12} & a_{22} & \cdots & a_{n2} \\ \vdots & \vdots & & \vdots \\ a_{1n} & a_{2n} & \cdots & a_{nn} \end{vmatrix}。$$

下面给出行列式的性质(证明略)：

性质 1　行列式与它的转置行列式的值相等。

由此性质可知，行列式中行与列具有同等的地位，行列式的性质凡是对行成立的，对列也同样成立，反之亦然。

例 1.6　计算上三角行列式

$$D = \begin{vmatrix} a_{11} & a_{12} & \cdots & a_{1n} \\ & a_{22} & \cdots & a_{2n} \\ & & \ddots & \vdots \\ & & & a_{nn} \end{vmatrix}。$$

解　由性质 1，得

$$D = D^{\mathrm{T}} = \begin{vmatrix} a_{11} & & & \\ a_{12} & a_{22} & & \\ \vdots & \vdots & \ddots & \\ a_{1n} & a_{2n} & \cdots & a_{nn} \end{vmatrix} = a_{11}a_{22}\cdots a_{nn}。$$

由性质 1，我们可知，行列式按第一行展开的定义，也可写成按第一列展开的形式，即

$$\begin{vmatrix} a_{11} & a_{12} & \cdots & a_{1n} \\ a_{21} & a_{22} & \cdots & a_{2n} \\ \vdots & \vdots & & \vdots \\ a_{n1} & a_{n2} & \cdots & a_{nn} \end{vmatrix} = a_{11}A_{11} + a_{21}A_{21} + \cdots + a_{n1}A_{n1}。$$

性质 2 互换行列式的任意两行（列），行列式变号。

我们用 r_i 表示行列式的第 i 行，用 c_j 表示第 j 列。第 i 行与第 j 行互换，记作 $r_i \leftrightarrow r_j$；第 i 列与第 j 列互换，记作 $c_i \leftrightarrow c_j$。

推论 1 如果行列式有两行（列）完全相同，则此行列式为零。

证 因将行列式 D 中相同的两行（列）互换后，D 相当于没有变，而由性质 2 有 $D=-D$，故 $D=0$。

性质 3 行列式等于它的任一行（列）的各元素与其对应的代数余子式乘积之和，即

（按行展开） $D=a_{i1}A_{i1}+a_{i2}A_{i2}+\cdots+a_{in}A_{in}=\sum\limits_{j=1}^{n}a_{ij}A_{ij}$

$(i=1,2,\cdots,n)$，

（按列展开） $D=a_{1j}A_{1j}+a_{2j}A_{2j}+\cdots+a_{nj}A_{nj}=\sum\limits_{i=1}^{n}a_{ij}A_{ij}$

$(j=1,2,\cdots,n)$。

这一性质称为**行列式按行（列）展开法则**。

利用这一法则，可比直接用定义更灵活地降低行列式的阶数，从而简化运算。

例 1.7 计算 $D=\begin{vmatrix} 1 & -5 & 3 & -1 \\ 2 & -6 & 0 & -6 \\ 4 & -2 & 0 & -2 \\ 1 & 3 & 0 & 3 \end{vmatrix}$。

解　观察到第三列只有一个非零元素，故按第三列展开：

$$D = 3 \times (-1)^{1+3} \begin{vmatrix} 2 & -6 & -6 \\ 4 & -2 & -2 \\ 1 & 3 & 3 \end{vmatrix} \xlongequal{\text{由性质 2 的推论}} 0。$$

推论 2　行列式任一行(列)的元素与另一行(列)的对应元素的代数余子式乘积之和等于零，即

$$a_{i1}A_{j1} + a_{i2}A_{j2} + \cdots + a_{in}A_{jn} = 0 \quad (i \neq j),$$

$$a_{1i}A_{1j} + a_{2i}A_{2j} + \cdots + a_{ni}A_{nj} = 0 \quad (i \neq j)。$$

证明　将行列式 D 按第 j 行展开，有

$$\begin{vmatrix} a_{11} & a_{12} & \cdots & a_{1n} \\ \vdots & \vdots & & \vdots \\ a_{i1} & a_{i2} & \cdots & a_{in} \\ \vdots & \vdots & & \vdots \\ a_{j1} & a_{j2} & \cdots & a_{jn} \\ \vdots & \vdots & & \vdots \\ a_{n1} & a_{n2} & \cdots & a_{nn} \end{vmatrix} = a_{j1}A_{j1} + a_{j2}A_{j2} + \cdots + a_{jn}A_{jn},$$

若在上式中把第 j 行元素 a_{jk} 换成第 i 行元素 a_{ik}($k=1,2,\cdots,n$)，则有

$$\begin{matrix} \\ \\ \text{第 } i \text{ 行} \\ \\ \text{第 } j \text{ 行} \\ \\ \\ \end{matrix} \begin{vmatrix} a_{11} & a_{12} & \cdots & a_{1n} \\ \vdots & \vdots & & \vdots \\ a_{i1} & a_{i2} & \cdots & a_{in} \\ \vdots & \vdots & & \vdots \\ a_{j1} & a_{j2} & \cdots & a_{jn} \\ \vdots & \vdots & & \vdots \\ a_{n1} & a_{n2} & \cdots & a_{nn} \end{vmatrix} = a_{i1}A_{j1} + a_{i2}A_{j2} + \cdots + a_{in}A_{jn},$$

当 $i \neq j$ 时，上式左端行列式中有两行对应元素相同，故行列式等于零。因而

$$a_{i1}A_{j1} + a_{i2}A_{j2} + \cdots + a_{in}A_{jn} = 0 \quad (i \neq j),$$

上述证法应用于列，可得

$$a_{1i}A_{1j} + a_{2i}A_{2j} + \cdots + a_{ni}A_{nj} = 0 \quad (i \neq j),$$

综合性质 3 及推论 2，得

$$\sum_{k=1}^{n}a_{ki}A_{kj}=\begin{cases}D & (\text{当 } i=j)\\ 0 & (\text{当 } i\neq j)\end{cases}\quad \text{或}\quad \sum_{k=1}^{n}a_{ik}A_{jk}=\begin{cases}D & (\text{当 } i=j),\\ 0 & (\text{当 } i\neq j)。\end{cases}$$

推论 3 行列式某一行(列)元素全为零,则此行列式等于零。

证明 由性质 3,按元素全为零的行(列)展开,即得。

性质 4 行列式的某一行(列)中所有元素乘以同一个数 k,等于用数 k 乘以该行列式。

第 i 行(或列)乘以 k,记作 $r_i\times k$ (或 $c_i\times k$)。

推论 4 行列式中某一行(列)的所有元素的公因子可以提到行列式的外面。

第 i 行(或列)提出公因子 k,记作 $r_i\div k$(或 $c_i\div k$)。

性质 5 行列式中如果有两行(列)元素对应成比例,则此行列式为零。

性质 6 若行列式 D 某一行(列)的元素都是两数之和,则这个行列式等于两个行列式的和。

例如,若行列式的第 j 列的元素都是两数之和,则有

$$\begin{vmatrix}a_{11} & \cdots & a_{1j}+a_{1j}^{*} & \cdots & a_{1n}\\ a_{21} & \cdots & a_{2j}+a_{2j}^{*} & \cdots & a_{2n}\\ \vdots & & \vdots & & \vdots\\ a_{n1} & \cdots & a_{nj}+a_{nj}^{*} & \cdots & a_{nn}\end{vmatrix}=\begin{vmatrix}a_{11} & \cdots & a_{1j} & \cdots & a_{1n}\\ a_{21} & \cdots & a_{2j} & \cdots & a_{2n}\\ \vdots & & \vdots & & \vdots\\ a_{n1} & \cdots & a_{nj} & \cdots & a_{nn}\end{vmatrix}+$$

$$\begin{vmatrix}a_{11} & \cdots & a_{1j}^{*} & \cdots & a_{1n}\\ a_{21} & \cdots & a_{2j}^{*} & \cdots & a_{2n}\\ \vdots & & \vdots & & \vdots\\ a_{n1} & \cdots & a_{nj}^{*} & \cdots & a_{nn}\end{vmatrix}。$$

例 1.8 $\begin{vmatrix}4 & 427 & 327\\ 5 & 543 & 443\\ 7 & 721 & 621\end{vmatrix}=\begin{vmatrix}4 & 400+27 & 300+27\\ 5 & 500+43 & 400+43\\ 7 & 700+21 & 600+21\end{vmatrix}=$

$$\begin{vmatrix}4 & 400 & 300+27\\ 5 & 500 & 400+43\\ 7 & 700 & 600+21\end{vmatrix}+\begin{vmatrix}4 & 27 & 300+27\\ 5 & 43 & 400+43\\ 7 & 21 & 600+21\end{vmatrix}=\begin{vmatrix}4 & 400 & 300\\ 5 & 500 & 400\\ 7 & 700 & 600\end{vmatrix}+$$

$$\begin{vmatrix} 4 & 400 & 27 \\ 5 & 500 & 43 \\ 7 & 700 & 21 \end{vmatrix} + \begin{vmatrix} 4 & 27 & 300 \\ 5 & 43 & 400 \\ 7 & 21 & 600 \end{vmatrix} + \begin{vmatrix} 4 & 27 & 27 \\ 5 & 43 & 43 \\ 7 & 21 & 21 \end{vmatrix} = 100 \begin{vmatrix} 4 & 27 & 3 \\ 5 & 43 & 4 \\ 7 & 21 & 6 \end{vmatrix} = 5400。$$

性质 7　把行列式某一行(列)的各元素乘以同一数,然后加到另一行(列)对应的元素上去,行列式不变。

例如,以数 k 乘第 j 列加到第 i 列上(记作 c_i+kc_j),以下都按此操作,有

$$\begin{vmatrix} a_{11} & \cdots & a_{1i} & \cdots & a_{1j} & \cdots & a_{1n} \\ a_{21} & \cdots & a_{2i} & \cdots & a_{2j} & \cdots & a_{2n} \\ \vdots & & \vdots & & \vdots & & \vdots \\ a_{n1} & \cdots & a_{n2} & \cdots & a_{nj} & \cdots & a_{nn} \end{vmatrix} \xlongequal{c_i+kc_j}$$

$$\begin{vmatrix} a_{11} & \cdots & (a_{1i}+ka_{1j}) & \cdots & a_{1j} & \cdots & a_{1n} \\ a_{21} & \cdots & (a_{2i}+ka_{2j}) & \cdots & a_{2j} & \cdots & a_{2n} \\ \vdots & & \vdots & & \vdots & & \vdots \\ a_{n1} & \cdots & (a_{ni}+ka_{nj}) & \cdots & a_{nj} & \cdots & a_{nn} \end{vmatrix} \quad (i \neq j)。$$

以数 k 乘第 j 行加到第 i 行上,记作 r_i+kr_j。

1.2.2　行列式的计算

以上我们介绍了行列式的性质及推论,下面我们利用它来计算一些行列式的值。

例 1.9　计算 $D=\begin{vmatrix} 3 & 1 & -1 & 2 \\ -5 & 1 & 3 & 4 \\ 2 & 0 & 1 & -1 \\ 1 & -5 & 3 & -3 \end{vmatrix}$。

解法一　(三角法)

$$D \xlongequal{c_1 \leftrightarrow c_2} -\begin{vmatrix} 1 & 3 & -1 & 2 \\ 1 & -5 & 3 & -4 \\ 0 & 2 & 1 & -1 \\ -5 & 1 & 3 & -3 \end{vmatrix} \xlongequal[5r_1+r_4]{-r_1+r_2} -\begin{vmatrix} 1 & 3 & -1 & 2 \\ 0 & -8 & 4 & -6 \\ 0 & 2 & 1 & -1 \\ 0 & 16 & -2 & 7 \end{vmatrix}$$

$$\xlongequal{r_2 \leftrightarrow r_3}\begin{vmatrix}1 & 3 & -1 & 2\\0 & 2 & 1 & -1\\0 & -8 & 4 & -6\\0 & 16 & -2 & 7\end{vmatrix}\xlongequal[-8r_2+r_4]{4r_2+r_3}\begin{vmatrix}1 & 3 & -1 & 2\\0 & 2 & 1 & -1\\0 & 0 & 8 & -10\\0 & 0 & -10 & 15\end{vmatrix}$$

$$\xlongequal{\frac{5}{4}r_3+r_4}\begin{vmatrix}1 & 3 & -1 & 2\\0 & 2 & 1 & -1\\0 & 0 & 8 & -10\\0 & 0 & 0 & \frac{5}{2}\end{vmatrix}=40。$$

解法二 （降阶法）

$$D\xlongequal{c_1 \leftrightarrow c_2}-\begin{vmatrix}1 & 3 & -1 & 2\\1 & -5 & 3 & -4\\0 & 2 & 1 & -1\\-5 & 1 & 3 & -3\end{vmatrix}\xlongequal[5r_1+r_4]{-r_1+r_2}-\begin{vmatrix}1 & 3 & -1 & 2\\0 & -8 & 4 & -6\\0 & 2 & 1 & -1\\0 & 16 & -2 & 7\end{vmatrix}$$

$$=-(-1)^{1+1}\begin{vmatrix}-8 & 4 & -6\\2 & 1 & -1\\16 & -2 & 7\end{vmatrix}\xlongequal[-8r_2+r_3]{4r_2+r_1}-\begin{vmatrix}0 & 8 & -10\\2 & 1 & -1\\0 & -10 & 15\end{vmatrix}$$

$$=-(-1)^{2+1}\cdot 2\begin{vmatrix}8 & -10\\-10 & 15\end{vmatrix}=2\times(120-100)=40。$$

注意：在利用展开法则时，选用含有零较多的行或列展开，计算常会更简便些。所以我们可以利用行列式性质使行列式中某一行(列)的零尽可能多一些。

例 1.10 求解方程

$$\begin{vmatrix}x & 2 & 2 & 2\\2 & x & 2 & 2\\2 & 2 & x & 2\\2 & 2 & 2 & x\end{vmatrix}=0。$$

解 注意左边行列式的每行(列)的元素的总和相等，所以

$$\begin{vmatrix} x & 2 & 2 & 2 \\ 2 & x & 2 & 2 \\ 2 & 2 & x & 2 \\ 2 & 2 & 2 & x \end{vmatrix} \xlongequal{c_1+c_2+c_3+c_4} \begin{vmatrix} x+6 & 2 & 2 & 2 \\ x+6 & x & 2 & 2 \\ x+6 & 2 & x & 2 \\ x+6 & 2 & 2 & x \end{vmatrix}$$

$$\xlongequal{c\div(x+6)} (x+6)\begin{vmatrix} 1 & 2 & 2 & 2 \\ 1 & x & 2 & 2 \\ 1 & 2 & x & 2 \\ 1 & 2 & 2 & x \end{vmatrix}$$

$$\xlongequal{-r_1+r_i(i=2,3,4)} (x+6)\begin{vmatrix} 1 & 2 & 2 & 2 \\ 0 & x-2 & 0 & 0 \\ 0 & 0 & x-2 & 0 \\ 0 & 0 & 0 & x-2 \end{vmatrix}$$

$$=(x+6)(x-2)^3,$$

即$(x+6)(x-2)^3=0$，所以 $x_1=-6$，$x_2=x_3=x_4=2$。

例 1.11　计算

$$D=\begin{vmatrix} a & b & c & d \\ a & a+b & a+b+c & a+b+c+d \\ a & 2a+b & 3a+2b+c & 4a+3b+2c+d \\ a & 3a+b & 6a+3b+c & 10a+6b+3c+d \end{vmatrix}。$$

解　$$D \xlongequal{-r_{i-1}+r_i(i=4,3,2)} \begin{vmatrix} a & b & c & d \\ 0 & a & a+b & a+b+c \\ 0 & a & 2a+b & 3a+2b+c \\ 0 & a & 3a+b & 6a+3b+c \end{vmatrix}$$

$$\xlongequal[-r_2+r_3]{-r_3+r_4} \begin{vmatrix} a & b & c & d \\ 0 & a & a+b & a+b+c \\ 0 & 0 & a & 2a+b \\ 0 & 0 & a & 3a+b \end{vmatrix}$$

$$\xlongequal{-r_3+r_4}\begin{vmatrix} a & b & c & d \\ 0 & a & a+b & a+b+c \\ 0 & 0 & a & 2a+b \\ 0 & 0 & 0 & a \end{vmatrix}=a^4。$$

*** 例 1.12** 计算 6 阶行列式

$$D_6=\begin{vmatrix} a & & & & & b \\ & a & & & b & \\ & & a & b & & \\ & & b & a & & \\ & b & & & a & \\ b & & & & & a \end{vmatrix}$$（其中未写元素处均为零）。

解 记

$$D_2=\begin{vmatrix} a & b \\ b & a \end{vmatrix},D_4=\begin{vmatrix} a & & & b \\ & a & b & \\ & b & a & \\ b & & & a \end{vmatrix}。$$

将 D_6 按第一行展开，得如下递推公式：

$$D_6=a(-1)^{1+1}\begin{vmatrix} a & & & b & 0 \\ & a & b & & \\ & b & a & & \\ b & & & a & \\ 0 & & & & a \end{vmatrix}_5+b(-1)^{1+6}\begin{vmatrix} 0 & a & & & b \\ & & a & b & \\ & & b & a & \\ & b & & & a \\ b & & & & 0 \end{vmatrix}_5$$

$$=a^2(-1)^{5+5}D_4-b^2(-1)^{5+1}D_4=(a^2-b^2)D_4,$$

$$D_4=(a^2-b^2)D_2,$$

$$D_2=\begin{vmatrix} a & b \\ b & a \end{vmatrix},$$

所以

$$D_6=(a^2-b^2)^3。$$

若求解这类 $2n$ 阶行列式，则依次类推得 $D_{2n}=(a^2-b^2)^n$。

1.3　克莱姆法则

含有 n 个方程、n 个未知量的线性方程组与二元、三元线性方程组一样，在一定条件下，也能用行列式表示它的解，即克莱姆法则。

若 n 元线性方程组为

$$\begin{cases} a_{11}x_1+a_{12}x_2+\cdots+a_{1n}x_n=b_1, \\ a_{21}x_1+a_{22}x_2+\cdots+a_{2n}x_n=b_2, \\ \quad\vdots \qquad\quad \vdots \qquad\qquad\quad \vdots \qquad \vdots \\ a_{n1}x_1+a_{n2}x_2+\cdots+a_{nn}x_n=b_n。\end{cases} \tag{1-7}$$

方程组未知量前系数组成的行列式称为**系数行列式**，记为

$$D=\begin{vmatrix} a_{11} & a_{12} & \cdots & a_{1n} \\ a_{21} & a_{22} & \cdots & a_{2n} \\ \vdots & \vdots & & \vdots \\ a_{n1} & a_{n2} & \cdots & a_{nn} \end{vmatrix},$$

用常数项作为列代替系数行列式的第 j 列而得到的行列式记为 D_j，即

$$D_j=\begin{vmatrix} a_{11} & a_{12} & \cdots & a_{1,j-1} & b_1 & a_{1,j+1} & \cdots & a_{1n} \\ a_{21} & a_{22} & \cdots & a_{2,j-1} & b_2 & a_{2,j+1} & \cdots & a_{2n} \\ \vdots & \vdots & & \vdots & \vdots & \vdots & & \vdots \\ a_{n1} & a_{n2} & \cdots & a_{n,j-1} & b_n & a_{n,j+1} & \cdots & a_{nn} \end{vmatrix} \quad (j=1,2,\cdots,n)。$$

定理 1（克莱姆法则）　如果线性方程组(1-7)的系数行列式 $D\neq 0$，则方程组(1-7)有唯一解：$x_1=\dfrac{D_1}{D}, x_2=\dfrac{D_2}{D},\cdots,x_n=\dfrac{D_n}{D}$。

***证明**　用 D 中第 j 列元素的代数余子式 $A_{1j},A_{2j},\cdots,A_{nj}$ $(j=1,2,\cdots,n)$ 分别乘方程组(1-7)的第一个，第二个，…，第 n 个方程，得

$$\begin{aligned} A_{1j}(a_{11}x_1+a_{12}x_2+\cdots+a_{1n}x_n)&=b_1A_{1j}, \\ A_{2j}(a_{21}x_1+a_{22}x_2+\cdots+a_{2n}x_n)&=b_2A_{2j}, \\ \cdots \qquad \cdots \qquad\qquad \cdots \qquad & \quad \cdots \\ A_{nj}(a_{n1}x_1+a_{n2}x_2+\cdots+a_{nn}x_n)&=b_nA_{nj}, \end{aligned}$$

将以上各式相加，得

$$(\sum_{i=1}^{n} a_{i1}A_{ij})x_1 + (\sum_{i=1}^{n} a_{i2}A_{ij})x_2 + \cdots + (\sum_{i=1}^{n} a_{ij}A_{ij})x_j + \cdots +$$

$$(\sum_{i=1}^{n} a_{in}A_{ij})x_n = \sum_{i=1}^{n} b_iA_{ij},$$

由性质 3 及推论，得 $Dx_j = D_j$，因为 $D \neq 0$，所以

$$x_j = \frac{D_j}{D} \quad (j = 1,2,\cdots,n)。$$

例 1.13 某企业用一种材料来生产四种产品，分别为甲、乙、丙、丁四种，为了统计每种产品的单位成本，作了 4 个批次的统计，如下表所示，试求每种产品的单位成本。产品单位：(kg)

产品 / 批次	甲	乙	丙	丁	总成本(元)
1	200	100	100	50	2 900
2	500	250	200	100	7 050
3	100	40	40	20	1 360
4	400	180	160	60	5 500

解 设甲、乙、丙、丁四种产品单位成本分别为 x_1, x_2, x_3, x_4，根据题意，得

$$\begin{cases} 200x_1 + 100x_2 + 100x_3 + 50x_4 = 2\,900, \\ 500x_1 + 250x_2 + 200x_3 + 100x_4 = 7\,050, \\ 100x_1 + 40x_2 + 40x_3 + 20x_4 = 1\,360, \\ 400x_1 + 180x_2 + 160x_3 + 60x_4 = 5\,500, \end{cases}$$

化简，有

$$\begin{cases} 4x_1 + 2x_2 + 2x_3 + x_4 = 58, \\ 10x_1 + 5x_2 + 4x_3 + 2x_4 = 141, \\ 5x_1 + 2x_2 + 2x_3 + x_4 = 68, \\ 20x_1 + 9x_2 + 8x_3 + 3x_4 = 275。 \end{cases}$$

用克莱姆法则：

$$D=\begin{vmatrix}4&2&2&1\\10&5&4&2\\5&2&2&1\\20&9&8&3\end{vmatrix}=2,D_1=\begin{vmatrix}58&2&2&1\\141&5&4&2\\68&2&2&1\\275&9&8&3\end{vmatrix}=20,$$

$$D_2=\begin{vmatrix}4&58&2&1\\10&141&4&2\\5&68&2&1\\20&275&8&3\end{vmatrix}=10,D_3=\begin{vmatrix}4&2&58&1\\10&5&141&2\\5&2&68&1\\20&9&275&3\end{vmatrix}=6,$$

$$D_4=\begin{vmatrix}4&2&2&58\\10&5&4&141\\5&2&2&68\\20&9&8&275\end{vmatrix}=4,$$

得 $x_1=\frac{20}{2}=10,x_2=\frac{10}{2}=5,x_3=\frac{6}{2}=3,x_4=\frac{4}{2}=2$，甲、乙、丙、丁四种产品单位成本分别为10元/kg，5元/kg，3元/kg，2元/kg。

注意：用克莱姆法则解线性方程组必须满足两个条件：一是未知量的个数必须等于方程的个数；二是系数行列式不能等于零。

如果线性方程组(1-5)的常数项全部为零，即

$$\begin{cases}a_{11}x_1+a_{12}x_2+\cdots+a_{1n}x_n=0,\\a_{21}x_1+a_{22}x_2+\cdots+a_{2n}x_n=0,\\\cdots\quad\cdots\quad\cdots\quad\cdots\\a_{n1}x_1+a_{n2}x_2+\cdots+a_{nn}x_n=0,\end{cases}\tag{1-8}$$

则称方程组(1-6)为**齐次线性方程组**，相应地称(1-7)为**非齐次线性方程组**。

由克莱姆法则可得以下推论：

推论5 如果齐次线性方程组(1-8)的系数行列式不等于零，则方程组(1-8)只有唯一零解，即 $x_1=x_2=\cdots=x_n=0$。

换句话说，如果齐次线性方程组(1-8)有非零解，则系数行列式 D 必等于零。

例 1.14 λ 取何值时，齐次线性方程组$\begin{cases}\lambda x+y+z=0,\\ x+\lambda y-z=0,\\ 2x-y+z=0\end{cases}$只有零解。

解 当$D=\begin{vmatrix}\lambda & 1 & 1\\ 1 & \lambda & -1\\ 2 & -1 & 1\end{vmatrix}\neq 0$时，该齐次线性方程组只有零解，

即

$$\lambda^2-3\lambda-4\neq 0,$$

解方程，得 $\lambda\neq -1$ 与 $\lambda\neq 4$。

小 结

1. 余子式和代数余子式的概念

在 n 阶行列式中，把元素 $a_{ij}(i,j=1,2,\cdots,n)$所在的第 i 行和第 j 列划去后，余下的元素按原次序组成的 $n-1$ 阶行列式称为元素 a_{ij} 的**余子式**，记作 M_{ij}。

又，记$(-1)^{i+j}M_{ij}=A_{ij}$，称 A_{ij} 为元素 a_{ij} 的**代数余子式**。

2. 行列式的递推定义

$$\begin{vmatrix}a_{11} & a_{12} & \cdots & a_{1n}\\ a_{21} & a_{22} & \cdots & a_{2n}\\ \vdots & \vdots & & \vdots\\ a_{n1} & a_{n2} & \cdots & a_{nn}\end{vmatrix}=a_{11}A_{11}+a_{12}A_{12}+\cdots+a_{1n}A_{1n},$$

由行列式的性质推广为

$$\begin{vmatrix}a_{11} & a_{12} & \cdots & a_{1n}\\ a_{21} & a_{22} & \cdots & a_{2n}\\ \vdots & \vdots & & \vdots\\ a_{n1} & a_{n2} & \cdots & a_{nn}\end{vmatrix}=a_{i1}A_{i1}+a_{i2}A_{i2}+\cdots+a_{in}A_{in}\quad(i=1,2,\cdots,n),$$

$$\begin{vmatrix} a_{11} & a_{12} & \cdots & a_{1n} \\ a_{21} & a_{22} & \cdots & a_{2n} \\ \vdots & \vdots & & \vdots \\ a_{n1} & a_{n2} & \cdots & a_{nn} \end{vmatrix} = a_{1j}A_{1j} + a_{2j}A_{2j} + \cdots + a_{nj}A_{nj} \quad (i = 1,2,\cdots,n),$$

即行列式可以按任何一行(列)展开。

3. 行列式的性质

性质 1:行列式转置其值不变。

性质 2:互换行列式的任意两行(列),行列式的值变号。

性质 3:行列式等于它的任一行(列)的各元素与其对应的代数余子式乘积之和。

性质 4:行列式的某一行(列)中所有元素都乘以同一个数 k 等于用数 k 乘以该行列式。

性质 5:行列式中如果有两行(列)元素成比例,则此行列式的值为零。

性质 6:若行列式 D 某一行(列)的元素都是两数之和,则这个行列式等于两个行列式的和。

性质 7:把行列式某一行(列)的各元素乘以同一数,然后加到另一行(列)对应的元素上去,行列式的值不变。

4. 行列式的基本计算方法

① 利用行列式的性质将行列式化成比较简单且易于计算的行列式(特别是化成上(下)三角行列式是一个常用方法)。

② 利用行列式按行(列)展开法则,将高阶行列式化成低阶行列式来计算(特别选择零较多的行或列,或利用行列式的性质把某行(列)元素尽可能多地化为零)。

5. 克莱姆法则

(克莱姆法则)如果线性方程组 $\begin{cases} a_{11}x_1 + a_{12}x_2 + \cdots + a_{1n}x_n = b_1, \\ a_{21}x_1 + a_{22}x_2 + \cdots + a_{2n}x_n = b_2, \\ \quad\vdots \\ a_{n1}x_1 + a_{n2}x_2 + \cdots + a_{nn}x_n = b_n \end{cases}$

(1-5)的系数行列式 $D\neq 0$，则方程组(1-7)有唯一解：$x_1=\dfrac{D_1}{D}$，$x_2=\dfrac{D_2}{D}$，…，$x_n=\dfrac{D_n}{D}$。

（推论） 如果齐次线性方程组

$$\begin{cases} a_{11}x_1+a_{12}x_2+\cdots+a_{1n}x_n=0, \\ a_{21}x_1+a_{22}x_2+\cdots+a_{2n}x_n=0, \\ \cdots \quad \cdots \quad \cdots \quad \cdots \\ a_{n1}x_1+a_{n2}x_2+\cdots+a_{nn}x_n=0, \end{cases}$$

(1-8)的系数行列式不等于零，则方程组(1-8)只有零解，即 $x_1=x_2=\cdots=x_n=0$。

克莱姆法则是线性方程组理论中的重要结论，它不仅给出了解的简单表达公式，而且更重要的是它是研究有关线性方程组解的存在性和唯一性问题的重要理论依据。但要注意，应用克莱姆法则有两个条件：一是未知量的个数必须等于方程的个数；二是系数行列式不能等于零。因此，克莱姆法则并未完全解决线性方程组的问题。

习题 1

1. 计算下列行列式：

(1) $\begin{vmatrix} 1 & 2 & 3 & 4 & 5 \\ 1 & 2 & 3 & 4 & 0 \\ 1 & 2 & 3 & 0 & 0 \\ 1 & 2 & 0 & 0 & 0 \\ 1 & 0 & 0 & 0 & 0 \end{vmatrix}$； (2) $\begin{vmatrix} 1 & 2 & 3 & 4 \\ 2 & 3 & 4 & 1 \\ 3 & 4 & 1 & 2 \\ 4 & 1 & 2 & 3 \end{vmatrix}$；

(3) $\begin{vmatrix} 1+x & 1 & 1 & 1 \\ 1 & 1+x & 1 & 1 \\ 1 & 1 & 1+x & 1 \\ 1 & 1 & 1 & 1+x \end{vmatrix}$；(4) $\begin{vmatrix} -ab & ac & ae \\ bd & -cd & de \\ bf & cf & -ef \end{vmatrix}$；

(5) $\begin{vmatrix} a & b & b & b \\ b & a & b & b \\ b & b & a & b \\ b & b & b & a \end{vmatrix}$；　　(6) $\begin{vmatrix} x & y & 0 & 0 \\ 0 & x & y & 0 \\ 0 & 0 & x & y \\ y & 0 & 0 & x \end{vmatrix}$。

2. 利用行列式的性质证明：

(1) $\begin{vmatrix} a^2c & ac & ab \\ ab & b & c \\ ad & d & a \end{vmatrix}=0$；

(2) $\begin{vmatrix} a^2 & ab & b^2 \\ 1 & 1 & 1 \\ 2a & a+b & 2b \end{vmatrix}=(b-a)^3$；

(3) $\begin{vmatrix} b+c & c+a & a+b \\ q+r & r+p & p+q \\ y+z & z+x & x+y \end{vmatrix}=2\begin{vmatrix} a & b & c \\ p & q & r \\ x & y & z \end{vmatrix}$；

(4) $\begin{vmatrix} 0 & a & b & a \\ a & 0 & a & b \\ b & a & 0 & a \\ a & b & a & 0 \end{vmatrix}=b^2(b^2-4a^2)$。

3. 计算 n 阶行列式：

(1) $D_n=\begin{vmatrix} a & & & 1 \\ & a & & \\ & & \ddots & \\ 1 & & & a \end{vmatrix}$，其中主对角线上元素都是 a，副对角线上元素都是 1，未写出的元素都是 0；

(2) $D_n=\begin{vmatrix} 1 & 2 & 2 & \cdots & 2 & 2 \\ 2 & 2 & 2 & \cdots & 2 & 2 \\ 2 & 2 & 3 & \cdots & 2 & 2 \\ \vdots & \vdots & \vdots & & \vdots & \vdots \\ 2 & 2 & 2 & \cdots & n-1 & 2 \\ 2 & 2 & 2 & \cdots & 2 & n \end{vmatrix}$。

4. 用克莱姆法则解下列线性方程组：

(1) $\begin{cases} x_1+3x_2+2x_3=0, \\ 2x_1-x_2+3x_3=0, \\ 3x_1-2x_2-x_3=0; \end{cases}$

(2) $\begin{cases} x_1+2x_2-x_3+3x_4=2, \\ 2x_1+x_2-3x_3-2x_4=7, \\ 3x_2-x_3+x_4=6, \\ x_1-x_2+x_3+4x_4=-4。\end{cases}$

5. 求一个二次多项式 $f(x)$，使 $f(1)=-1, f(-1)=9, f(2)=-2$。

6. 求证：当 a,b,c 互不相等时，线性方程组

$$\begin{cases} x_1+ax_2+a^2x_3=a^3, \\ x_1+bx_2+b^2x_3=b^3, \\ x_1+cx_2+c^2x_3=c^3 \end{cases}$$

有唯一解。

7. 当 λ 为何值时，下面的齐次线性方程组

$$\begin{cases} 2x_1+\lambda x_2+x_3=0, \\ (\lambda-1)x_1-x_2+2x_3=0, \\ 4x_1+x_2+4x_3=0 \end{cases}$$

有非零解。

自测题 1

一、填充题（每题 3 分，共 15 分）

1. 已知 $\begin{vmatrix} a_1 & b_1 & c_1 \\ a_2 & b_2 & c_2 \\ a_3 & b_3 & c_3 \end{vmatrix}=m$，$\begin{vmatrix} a_1 & b_1 & c_1 \\ a_2 & b_2 & c_2 \\ a_3^* & b_3^* & c_3^* \end{vmatrix}=n$，则

$$\begin{vmatrix} 2a_1 & 2b_1 & 2c_1 \\ a_2 & b_2 & c_2 \\ -a_3-a_3^* & -b_3-b_3^* & -c_3-c_3^* \end{vmatrix} = \underline{\qquad\qquad}$$。

2. $\begin{vmatrix} -2 & 0 & 1 \\ 3 & 6 & 7 \\ 4 & 3 & 0 \end{vmatrix}$中第2行第3列元素的代数余子式 $A_{23}=$ ________。

3. 已知$\begin{vmatrix} a_1 & b_1 & c_1 \\ a_2 & b_2 & c_2 \\ a_3 & b_3 & c_3 \end{vmatrix}=m$，且知其中 a_i 的代数余子式为 $A_i(i=1,2,3)$，则 $b_1A_1+b_2A_2+b_3A_3=$ ________。

4. $\begin{vmatrix} 1 & 0 & 0 & 0 \\ 0 & 0 & 1 & -1 \\ 1 & 2 & 0 & 0 \\ 0 & 0 & 0 & 1 \end{vmatrix}=$ ________。

5. 当 $a=$ ________时，行列式$\begin{vmatrix} 1 & 0 & a \\ -2 & 0 & 4 \\ 0 & 1 & 2 \end{vmatrix}$的值为零。

二、单项选择题(每小题3分，共30分)

1. $\begin{vmatrix} 1 & 0 & 3 \\ -2 & 1 & 1 \\ 2 & 3 & -1 \end{vmatrix}$的第二行第二列的元素的代数余子式为(　)。

A. $\begin{vmatrix} 1 & 0 \\ -2 & 1 \end{vmatrix}$　　B. $\begin{vmatrix} 1 & 0 \\ 2 & 3 \end{vmatrix}$

C. $-\begin{vmatrix} 1 & 3 \\ 2 & -1 \end{vmatrix}$　　D. $\begin{vmatrix} 1 & 3 \\ 2 & -1 \end{vmatrix}$

2. 与$\begin{vmatrix} 1 & 0 & 2 \\ -1 & 2 & 3 \\ 2 & -1 & 1 \end{vmatrix}$的值相等的行列式是(　)。

A. $\begin{vmatrix} 1 & 0 & 2 \\ -2 & 4 & 6 \\ 2 & -1 & 1 \end{vmatrix}$　　B. $\begin{vmatrix} 1 & 0 & 2 \\ -1 & 2 & 3 \\ 3 & -1 & 3 \end{vmatrix}$

C. $\begin{vmatrix} 1 & 0 & 1 \\ -2 & 4 & 6 \\ 2 & -1 & 1 \end{vmatrix}$　　D. $\begin{vmatrix} 0 & 2 & 2 \\ -1 & 2 & 3 \\ 2 & -1 & 1 \end{vmatrix}$

3. 与$\begin{vmatrix} 2 & 1 & -1 \\ 0 & 2 & 1 \\ -1 & 3 & 5 \end{vmatrix}$的值正好相反的行列式是(　)。

A. $\begin{vmatrix} 0 & 2 & 1 \\ -2 & -1 & 1 \\ -1 & 3 & 5 \end{vmatrix}$　　B. $\begin{vmatrix} 1 & -1 & 2 \\ 2 & 1 & 0 \\ 3 & 5 & -1 \end{vmatrix}$

C. $\begin{vmatrix} 2 & 1 & -1 \\ -1 & 3 & 5 \\ 0 & 2 & 1 \end{vmatrix}$　　D. $\begin{vmatrix} 0 & 2 & 1 \\ -1 & 3 & 5 \\ 2 & 1 & -1 \end{vmatrix}$

4. 将行列式 A 的第一行乘以 2,再将得到的行列式的第一行加到第二行上,得到行列式 B,则(　)。

A. B 的值与 A 的值相等

B. B 的值是 A 的值的 2 倍

C. A 的值是 B 的值的 2 倍

D. B 的值与 A 的值差一个符号

5. 将行列式 A 的第一列与第二列对换,再将得到的行列式的第二列乘以-1,得到行列式 B,则(　)。

A. B 的值与 A 的值相等

B. B 的值是 A 的值的相反数

C. B 的值是 A 的值的 2 倍

D. B 的值与 A 的值没有关系

6. 下列命题错误的是(　)。

A. n 阶行列式 A 与 B 相加等于将它们对应的元素相加所得到的行列式

B. 行列式 A 有两列元素相等，其值等于零

C. 将行列式 A 的第一行乘以 5，A 的值必扩大 5 倍

D. 行列式 A 与 A' 值相等（A' 是 A 的转置行列式）

7. 下列命题正确的是（　）。

A. 行列式 A 的值等于零的充分必要条件是 A 有一行元素全为零

B. 行列式按第一行展开所求得的值与按第一列展开所求得的值必相等

C. 交换行列式两列，其值不变

D. 将行列式的某一行乘以 −1 加到另一行上去，所得到的行列式的值是原行列式的值的相反数

8. $\begin{vmatrix} 1 & a & ad \\ 2 & b & bd \\ 3 & c & cd \end{vmatrix}$ 的值等于（　）。

A. $abcd$　　B. d

C. 6　　D. 0

9. 下列命题正确的是（　）。

A. 代数余子式与相应的余子式正好互为相反数

B. 若 n 个未知数、n 个方程式的线性方程组中常数项全为零，则只有零解

C. 将行列式的第一行元素乘以 c，加到第二行上，其值扩大 c 倍

D. 行列式 A 的第二行是第一行的 2 倍，第三行是第一行的 3 倍，则 A 的值必等于零

10. 行列式 A 的第二行第三列元素的余子式为 M，则第二行第三列元素的代数余子式是（　）.

A. M　　B. $-M$

C. $(-1)^{i+j}$　　D. 无法确定

三、简答题

1. 利用行列式性质，写出行列式

$$\begin{vmatrix} 0 & 0 & 0 & 4 \\ 0 & 0 & 3 & 0 \\ 0 & 2 & 0 & 0 \\ 1 & 0 & 0 & 0 \end{vmatrix}$$

的值。(5 分)

2. 不求值说明下列两个行列式值

$$A=\begin{vmatrix} a_1 & a_2 & a_3 & a_4 \\ b_1 & b_2 & b_3 & b_4 \\ c_1 & c_2 & c_3 & c_4 \\ d_1 & d_2 & d_3 & d_4 \end{vmatrix},B=\begin{vmatrix} a_1 & a_2 & a_3 & a_1+a_2+a_3+a_4 \\ b_1 & b_2 & b_3 & b_1+b_2+b_3+b_4 \\ c_1 & c_2 & c_3 & c_1+c_2+c_3+c_4 \\ d_1 & d_2 & d_3 & d_1+d_2+d_3+d_4 \end{vmatrix},$$

相等的理由。(8 分)

四、计算题(每题 10 分,共 20 分)

1. 计算行列式

$$\begin{vmatrix} 5 & -1 & 6 & 7 \\ 1 & 3 & -1 & 2 \\ 4 & 5 & 0 & 1 \\ -1 & 6 & 2 & 4 \end{vmatrix}$$

的值。

2. 用克莱姆法则求解线性方程组

$$\begin{cases} x+2y-z=-3, \\ 2x-y+3z=9, \\ -x+y+4z=6。 \end{cases}$$

五、证明题(12 分)

证明:$$\begin{vmatrix} ax+by & ay+bz & az+bx \\ ay+bz & az+bx & ax+by \\ az+bx & ax+by & ay+bz \end{vmatrix}=(a^3+b^3)\begin{vmatrix} x & y & z \\ y & z & x \\ z & x & y \end{vmatrix}。$$

六、λ 取何值时,齐次线性方程组 $\begin{cases}\lambda x+y+z=0,\\ x+\lambda y-z=0,\\ 2x-y+z=0\end{cases}$ 只有零解。(10 分)

第2章　矩阵及其运算

内容提要:本章主要介绍矩阵的概念、矩阵的加法、减法、数与矩阵的乘积、矩阵与矩阵的乘积、逆矩阵以及矩阵的初等变换。

2.1　矩阵概念及运算

2.1.1　矩阵的概念

例 2.1　某商场四个分场三类商品一天的营业额(万元)如下表:

	第一分场	第二分场	第三分场	第四分场
第一类商品	8	6	5	1
第二类商品	4	2	3	2
第三类商品	5	7	8	3

如果用 a_{ij} $(i=1,2,3;j=1,2,3,4)$表示第 i 类商品在第 j 分场的营业额。那么,销售过程中商品营业额可以简写成一个三行四列的矩形数表:$\begin{pmatrix} 8 & 6 & 5 & 1 \\ 4 & 2 & 3 & 2 \\ 5 & 7 & 8 & 3 \end{pmatrix}$。

例 2.2　在实际问题中,常会碰到由 n 个变量、m 个方程组成的线性方程组:

$$\begin{cases} a_{11}x_1+a_{12}x_2+\cdots+a_{1n}x_n=b_1, \\ a_{21}x_1+a_{22}x_2+\cdots+a_{2n}x_n=b_2, \\ \quad\vdots \qquad\quad \vdots \qquad\qquad \vdots \qquad\ \ \vdots \\ a_{m1}x_1+a_{m2}x_2+\cdots+a_{m}x_n=b_m, \end{cases} \tag{2-1}$$

显然,方程组(2-1)完全由下面的数表决定:

$$\begin{pmatrix} a_{11} & a_{12} & \cdots & a_{1n} & b_1 \\ a_{21} & a_{22} & \cdots & a_{2n} & b_2 \\ \vdots & \vdots & & & \vdots \\ a_{m1} & a_{m2} & \cdots & a_{mn} & b_m \end{pmatrix}。$$

上述这些矩形数表在数学上我们称为**矩阵**。

定义 2.1　由 $m\times n$ 个元素 $a_{ij}(i=1,2,\cdots,m;j=1,2,\cdots,n)$ 排成的 m 行 n 列的表

$$\begin{pmatrix} a_{11} & a_{12} & \cdots & a_{1n} \\ a_{21} & a_{22} & \cdots & a_{2n} \\ \vdots & \vdots & & \vdots \\ a_{m1} & a_{m2} & \cdots & a_{mn} \end{pmatrix}$$

称为一个 $m\times n$ **矩阵**，其中 $m\times n$ 个元素 $a_{ij}(i=1,2,\cdots,m;j=1,2,\cdots,n)$ 称为矩阵的第 i 行第 j 列元素。元素是实数的矩阵称为**实矩阵**，元素是复数的矩阵称为**复矩阵**。本书中的数与矩阵除特别说明外，都指实数与实矩阵。

通常用大写字母 $\boldsymbol{A},\boldsymbol{B},\cdots$ 表示矩阵。例如，记

$$\boldsymbol{A}=\begin{pmatrix} a_{11} & a_{12} & \cdots & a_{1n} \\ a_{21} & a_{22} & \cdots & a_{2n} \\ \vdots & \vdots & & \vdots \\ a_{m1} & a_{m2} & \cdots & a_{mn} \end{pmatrix},$$

有时也简记为 $\boldsymbol{A}=(a_{ij})_{m\times n}$ 或 (a_{ij})。

当 $m=n$ 时，$m\times n$ 矩阵称为 n **阶方阵**，用 $\boldsymbol{A}_n$ 表示。方阵 $\boldsymbol{A}_n$ 中，左上角到右下角的连线称为**主对角线**，其上的元素 $a_{11},a_{22},\cdots,a_{nn}$ 称为**主对角线上的元素**。

一阶方阵，相当于一个数，如 $(\boldsymbol{a})=\boldsymbol{a}$。

定义 2.2　如果 $\boldsymbol{A}=(a_{ij})$ 与 $\boldsymbol{B}=(b_{ij})$ 都是 $m\times n$ 矩阵，并且它们的对应元素相等，即 $a_{ij}=b_{ij}(i=1,2,\cdots,m;j=1,2,\cdots,n)$，则称矩阵 $\boldsymbol{A}$ 与矩阵 $\boldsymbol{B}$ 相等，记作 $\boldsymbol{A}=\boldsymbol{B}$。

2.1.2 特殊矩阵

(1) 零矩阵

元素都是零的矩阵称为**零矩阵**,记作 $\boldsymbol{O}$。

(2) 行矩阵、列矩阵

只有一行的矩阵 $(a_1, a_2, \cdots, a_n)$ 称为**行矩阵**;只有一列的矩阵 $\begin{pmatrix} b_1 \\ b_2 \\ \vdots \\ b_n \end{pmatrix}$ 称为**列矩阵**。

(3) 对角矩阵

主对角线以外的元素都是零的方阵称为**对角矩阵**。一般形式为

$$\begin{pmatrix} \lambda_1 & & & \\ & \lambda_2 & & \\ & & \ddots & \\ & & & \lambda_n \end{pmatrix},$$

其中对角线上元素是 $\lambda_i (i=1,2,\cdots,n)$,未写出元素都是零。

(4) 单位矩阵

主对角线上的元素都是 1 的对角矩阵称为**单位矩阵**,记为 $\boldsymbol{E}_n$(n 为单位阵的阶数),在阶数不致混淆时,简记为 $\boldsymbol{E}$,即

$$\boldsymbol{E} = \begin{pmatrix} 1 & & & \\ & 1 & & \\ & & \ddots & \\ & & & 1 \end{pmatrix}。$$

(5) 三角矩阵

主对角线下方的元素都是零的方阵称为**上三角矩阵**,一般形式为

$$\begin{pmatrix} a_{11} & a_{12} & \cdots & a_{1n} \\ & a_{22} & \cdots & a_{2n} \\ & & \ddots & \vdots \\ & & & a_{nn} \end{pmatrix},$$

主对角线上方的元素都是零的方阵称为**下三角矩阵**，一般形式为

$$\begin{pmatrix} a_{11} & & & \\ a_{21} & a_{22} & & \\ \vdots & \vdots & \ddots & \\ a_{n1} & a_{n2} & \cdots & a_{nn} \end{pmatrix}。$$

(6) 对称矩阵

满足条件 $a_{ij}=a_{ji}(i,j=1,2,\cdots,n)$ 的方阵 $(a_{ij})_{n\times n}$ 称为**对称矩阵**。对称矩阵的特点是，它的元素以主对角线为对称轴对应相等，例如：

$$\begin{pmatrix} 1 & 2 & 4 & 7 \\ 2 & -1 & -3 & 1 \\ 4 & -3 & 2 & 0 \\ 7 & 1 & 0 & 3 \end{pmatrix}。$$

2.1.3　矩阵的运算

1. 矩阵的加(减)法

定义 2.3　两个矩阵 $\boldsymbol{A}=(a_{ij})_{m\times n}$，$\boldsymbol{B}=(b_{ij})_{m\times n}$ 的对应元素相加(或相减)得到的 $m\times n$ 矩阵，称为矩阵 $\boldsymbol{A}$ 与 $\boldsymbol{B}$ 的和(或差)，记为 $\boldsymbol{A}\pm\boldsymbol{B}$，即 $\boldsymbol{A}\pm\boldsymbol{B}=(a_{ij})_{m\times n}\pm(b_{ij})_{m\times n}=(a_{ij}\pm b_{ij})_{m\times n}$。

例 2.3　$\boldsymbol{A}=\begin{pmatrix} 1 & 0 & -1 \\ 2 & 3 & 3 \\ -2 & 3 & 5 \end{pmatrix}$，$\boldsymbol{B}=\begin{pmatrix} -2 & 1 & 0 \\ 3 & 7 & 3 \\ -1 & 1 & 2 \end{pmatrix}$，则

$$\boldsymbol{A}+\boldsymbol{B}=\begin{pmatrix} 1+(-2) & 0+1 & -1+0 \\ 2+3 & 3+7 & 3+3 \\ -2+(-1) & 3+1 & 5+2 \end{pmatrix}=\begin{pmatrix} -1 & 1 & -1 \\ 5 & 10 & 6 \\ -3 & 4 & 7 \end{pmatrix},$$

$$\boldsymbol{A}-\boldsymbol{B}=\begin{pmatrix} 1-(-2) & 0-1 & -1-0 \\ 2-3 & 3-7 & 3-3 \\ -2-(-1) & 3-1 & 5-2 \end{pmatrix}=\begin{pmatrix} 3 & -1 & -1 \\ -1 & -4 & 0 \\ -1 & 2 & 3 \end{pmatrix}。$$

注意：只有两个矩阵的行数和列数对应相等，它们才能相加减.

矩阵的加法满足下列运算律(设 $\boldsymbol{A},\boldsymbol{B},\boldsymbol{C},\boldsymbol{O}$ 都是 $m\times n$ 矩阵)：

① $\boldsymbol{A}+\boldsymbol{B}=\boldsymbol{B}+\boldsymbol{A}$(加法交换律)；

② $(\boldsymbol{A}+\boldsymbol{B})+\boldsymbol{C}=\boldsymbol{A}+(\boldsymbol{B}+\boldsymbol{C})$(加法结合律);

③ $\boldsymbol{A}+\boldsymbol{O}=\boldsymbol{A}$。

2. 矩阵的数乘

定义 2.4 以数 k 乘矩阵 $\boldsymbol{A}=(a_{ij})_{m\times n}$ 的每一个元素所得的矩阵,称为数 k 与矩阵 $\boldsymbol{A}$ 的积,记为 $k\boldsymbol{A}$,即

$$k\boldsymbol{A}=\begin{pmatrix} ka_{11} & ka_{12} & \cdots & ka_{1n} \\ ka_{21} & ka_{22} & \cdots & ka_{2n} \\ \vdots & \vdots & & \vdots \\ ka_{n1} & ka_{n2} & \cdots & ka_{nn} \end{pmatrix}。$$

例 2.4 设 $\boldsymbol{A}=\begin{pmatrix} -1 & 4 & 3 \\ 5 & 2 & 5 \\ 1 & 0 & -3 \\ 2 & -1 & 3 \end{pmatrix}$,则

$$5\boldsymbol{A}=\begin{pmatrix} 5\times(-1) & 5\times 4 & 5\times 3 \\ 5\times 5 & 5\times 2 & 5\times 5 \\ 5\times 1 & 5\times 0 & 5\times(-3) \\ 5\times 2 & 5\times(-1) & 5\times 3 \end{pmatrix}=\begin{pmatrix} -5 & 20 & 15 \\ 25 & 10 & 25 \\ 5 & 0 & -15 \\ 10 & -5 & 15 \end{pmatrix}。$$

矩阵数乘满足下列运算规律(设 $\boldsymbol{A},\boldsymbol{B}$ 都是 $m\times n$ 矩阵,k,l 是任意实数):

① $1\cdot\boldsymbol{A}=\boldsymbol{A}$;

② $k(l\boldsymbol{A})=(kl)\boldsymbol{A}$(数乘结合律);

③ $k(\boldsymbol{A}+\boldsymbol{B})=k\boldsymbol{A}+k\boldsymbol{B}$(数乘分配律);

④ $(k+l)\boldsymbol{A}=k\boldsymbol{A}+l\boldsymbol{A}$(数乘分配律)。

例 2.5 设矩阵 $\boldsymbol{X}$ 满足 $\begin{bmatrix} -1 & 2 & 5 \\ 0 & 1 & 2 \end{bmatrix}+2\boldsymbol{X}=3\begin{bmatrix} 5 & 0 & -1 \\ 3 & 7 & 2 \end{bmatrix}$,求 $\boldsymbol{X}$。

解 $2\boldsymbol{X}=3\begin{bmatrix} 5 & 0 & -1 \\ 3 & 7 & 2 \end{bmatrix}-\begin{bmatrix} -1 & 2 & 5 \\ 0 & 1 & 2 \end{bmatrix}=\begin{bmatrix} 16 & -2 & -8 \\ 9 & 20 & 4 \end{bmatrix}$,

$$\boldsymbol{X}=\begin{bmatrix} 8 & -1 & -4 \\ \frac{9}{2} & 10 & 2 \end{bmatrix}。$$

3. 矩阵的乘法

如已知 $a_i(i=1,2)$ 站到 $b_j(j=1,2,3)$ 站有 a_{ij} 条路，而 b_j 站到 $c_k(k=1,2)$ 站有 b_{jk} 条路，问 a_i 到 c_k 分别有几条路？

用 $\boldsymbol{A}=\begin{pmatrix} a_{11} & a_{12} & a_{13} \\ a_{21} & a_{22} & a_{23} \end{pmatrix}$ 表示 $a_i(i=1,2)$ 站到 $b_j(j=1,2,3)$ 站的路数，用 $\boldsymbol{B}=\begin{pmatrix} b_{11} & b_{12} \\ b_{21} & b_{22} \\ b_{31} & b_{32} \end{pmatrix}$ 表示 $b_j(j=1,2,3)$ 站到 $c_k(k=1,2)$ 站的路数。

显然，a_i 到 c_k 的路数为：$a_{i1}b_{1k}+a_{i2}b_{2k}+a_{i3}b_{3k}$，用 $\boldsymbol{C}=\begin{pmatrix} c_{11} & c_{12} \\ c_{21} & c_{22} \end{pmatrix}$ 表示 a_i 到 c_k 的路数，其中 $c_{ik}=a_{i1}b_{1k}+a_{i2}k_{2k}+a_{i3}b_{3k}$，$\boldsymbol{C}$ 可以看成 $\boldsymbol{A}$ 和 $\boldsymbol{B}$ 运算的结果。一般有如下定义：

定义 2.5　矩阵 $\boldsymbol{A}=(a_{ij})_{m\times l}$，$\boldsymbol{B}=(b_{ij})_{l\times n}$，则由元素

$$\begin{aligned} c_{ij} &= a_{i1}b_{1j}+a_{i2}b_{2j}+\cdots+a_{il}b_{lj} \\ &= \sum_{k=1}^{l} a_{ik}b_{kj} \quad (i=1,2,\cdots,m;j=1,2,\cdots,n) \end{aligned}$$

构成的 m 行 n 列矩阵 $\boldsymbol{C}=(c_{ij})_{m\times n}$，称为矩阵 $\boldsymbol{A}$ 与矩阵 $\boldsymbol{B}$ 的乘积，记作 $\boldsymbol{C}=\boldsymbol{AB}$。

例 2.6　已知：$\boldsymbol{A}=\begin{bmatrix} 4 & 3 \\ 2 & 1 \end{bmatrix}$，$\boldsymbol{B}=\begin{bmatrix} 5 & 3 & 1 \\ 4 & 1 & -1 \end{bmatrix}$，求 $\boldsymbol{AB}$。

解　
$$\begin{aligned} \boldsymbol{AB} &= \begin{bmatrix} 4 & 3 \\ 2 & 1 \end{bmatrix}\begin{bmatrix} 5 & 3 & 1 \\ 4 & 1 & -1 \end{bmatrix} \\ &= \begin{bmatrix} 4\times5+3\times4 & 4\times3+3\times1 & 4\times1+3\times(-1) \\ 2\times5+1\times4 & 2\times3+1\times1 & 2\times1+1\times(-1) \end{bmatrix} \\ &= \begin{bmatrix} 32 & 15 & 1 \\ 14 & 7 & 1 \end{bmatrix}。\end{aligned}$$

注意：只有当左矩阵的列数和右矩阵的行数相等时，两个矩阵才能相乘；积矩阵中第 i 行第 j 列的元素等于左矩阵的第 i 行元素与右矩阵的第 j 列对应元素乘积之和；积矩阵的行数等于左矩阵的行数，积矩阵的列数等于右矩阵的列数。像上例 $\boldsymbol{AB}$ 有意义，但 $\boldsymbol{BA}$ 却无意义。

矩阵乘法一般不适合(满足)交换律，即 $\boldsymbol{AB}\neq\boldsymbol{BA}$。

例 2.7 设 $\boldsymbol{A}=\begin{bmatrix}-2 & 4\\ 1 & -2\end{bmatrix}$，$\boldsymbol{B}=\begin{bmatrix}2 & 4\\ -3 & -6\end{bmatrix}$求 $\boldsymbol{AB}$，$\boldsymbol{BA}$。

解 $\boldsymbol{AB}$ 与 $\boldsymbol{BA}$ 都有意义，$\boldsymbol{AB}=\begin{bmatrix}-16 & -32\\ 8 & 16\end{bmatrix}$，$\boldsymbol{BA}=\begin{bmatrix}0 & 0\\ 0 & 0\end{bmatrix}$。

由本例知，虽然 $\boldsymbol{B},\boldsymbol{A}\neq\boldsymbol{O}$，但 $\boldsymbol{BA}=\boldsymbol{O}$，因此，在矩阵乘法中虽有 $\boldsymbol{BA}=\boldsymbol{O}$，但并不能得到 $\boldsymbol{B}=\boldsymbol{O}$ 或 $\boldsymbol{A}=\boldsymbol{O}$。它说明矩阵乘法一般不满足消去律，即 $\boldsymbol{AB}=\boldsymbol{CB}$ 不一定有 $\boldsymbol{A}=\boldsymbol{C}$。例如：

$$\begin{pmatrix}1 & -1\\ -1 & 1\\ 1 & -1\end{pmatrix}\begin{bmatrix}2 & 1\\ 0 & 1\end{bmatrix}=\begin{pmatrix}1 & -1\\ -1 & 1\\ 1 & -1\end{pmatrix}\begin{bmatrix}1 & 1\\ -1 & 1\end{bmatrix}=\begin{pmatrix}2 & 0\\ -2 & 0\\ 2 & 0\end{pmatrix},$$

但 $\begin{bmatrix}2 & 1\\ 0 & 1\end{bmatrix}\neq\begin{bmatrix}1 & 1\\ -1 & 1\end{bmatrix}$。

矩阵乘法满足下列运算律：

① $(\boldsymbol{AB})\boldsymbol{C}=\boldsymbol{A}(\boldsymbol{BC})$(乘法结合律)；

② $\boldsymbol{A}(\boldsymbol{B}+\boldsymbol{C})=\boldsymbol{AB}+\boldsymbol{AC}$(左乘分配律)；

③ $(\boldsymbol{B}+\boldsymbol{C})\boldsymbol{A}=\boldsymbol{BA}+\boldsymbol{CA}$(右乘分配律)；

④ $k(\boldsymbol{AB})=(k\boldsymbol{A})\boldsymbol{B}=\boldsymbol{A}(k\boldsymbol{B})$(数乘结合律)。

学习了矩阵的乘法，我们可以把线性方程组写成矩阵形式：

$$\begin{cases}a_{11}x_1+a_{12}x_2+\cdots+a_{1n}x_n=b_1,\\ a_{21}x_1+a_{22}x_2+\cdots+a_{2n}x_n=b_2,\\ \cdots\quad\cdots\quad\cdots\quad\cdots\\ a_{m1}x_1+a_{m2}x_2+\cdots+a_{mn}x_n=b_m,\end{cases}$$

令 $\boldsymbol{A}=\begin{pmatrix}a_{11} & a_{12} & \cdots & a_{1n}\\ a_{21} & a_{22} & \cdots & a_{2n}\\ \vdots & \vdots & & \vdots\\ a_{m1} & a_{m2} & \cdots & a_{mn}\end{pmatrix}$，$\boldsymbol{X}=\begin{pmatrix}x_1\\ x_2\\ \vdots\\ x_n\end{pmatrix}$，$\boldsymbol{B}=\begin{pmatrix}b_1\\ b_2\\ \vdots\\ b_m\end{pmatrix}$那么该方程组的矩阵形式为 $\boldsymbol{AX}=\boldsymbol{B}$，这种形式的方程称为矩阵方程。

利用矩阵的乘法我们可以定义方阵的幂。

定义 2.6 设 $\boldsymbol{A}$ 为 n 阶方阵，k 是正整数，把 k 个 $\boldsymbol{A}$ 的连乘积称为

方阵 $\boldsymbol{A}$ 的 k 次幂，记作 $\boldsymbol{A}^k$ 即 $\boldsymbol{A}^k=\underbrace{\boldsymbol{AA}\cdots\boldsymbol{A}}_{k个}$。

当 k,l 都是正整数时，由矩阵乘法结合律，可得

$$\boldsymbol{A}^k\boldsymbol{A}^l=\boldsymbol{A}^{k+l},\quad (\boldsymbol{A}^k)^l=\boldsymbol{A}^{kl},$$

因为矩阵乘法一般不满足交换律，所以一般地

$$(\boldsymbol{AB})^k\neq\boldsymbol{A}^k\boldsymbol{B}^k。$$

规定：$\boldsymbol{A}^0=\boldsymbol{E},\boldsymbol{A}^1=\boldsymbol{A}$。

例 2.8　计算 $\begin{bmatrix}1 & 1\\0 & 1\end{bmatrix}^k$　（k 是正整数）。

解　因为 $\begin{bmatrix}1 & 1\\0 & 1\end{bmatrix}^2=\begin{bmatrix}1 & 1\\0 & 1\end{bmatrix}\begin{bmatrix}1 & 1\\0 & 1\end{bmatrix}=\begin{bmatrix}1 & 2\\0 & 1\end{bmatrix}$，

$$\begin{bmatrix}1 & 1\\0 & 1\end{bmatrix}^3=\begin{bmatrix}1 & 1\\0 & 1\end{bmatrix}^2\begin{bmatrix}1 & 1\\0 & 1\end{bmatrix}=\begin{bmatrix}1 & 3\\0 & 1\end{bmatrix},$$

依次类推，可得

$$\begin{bmatrix}1 & 1\\0 & 1\end{bmatrix}^k=\begin{bmatrix}1 & k\\0 & 1\end{bmatrix}。$$

4. 矩阵的转置

定义 2.7　把 $m\times n$ 矩阵 $\boldsymbol{A}$ 的行换成同序数的列，所得的 $n\times m$ 矩阵称为 $\boldsymbol{A}$ 的**转置矩阵**，记为 $\boldsymbol{A}^{\mathrm{T}}$。

例如，$\boldsymbol{A}=\begin{bmatrix}1 & -1 & 3\\2 & 0 & 1\end{bmatrix}$，则 $\boldsymbol{A}^{\mathrm{T}}=\begin{pmatrix}1 & 2\\-1 & 0\\3 & 1\end{pmatrix}$。显然，方阵 $\boldsymbol{A}$ 是对称阵的充要条件是 $\boldsymbol{A}=\boldsymbol{A}^{\mathrm{T}}$。

例 2.9　设 $\boldsymbol{A}=\begin{pmatrix}1 & 2\\-1 & 0\\0 & 3\end{pmatrix}$，$\boldsymbol{B}=\begin{bmatrix}1 & 1 & 0\\-1 & 0 & 1\end{bmatrix}$，求 $(\boldsymbol{AB})^{\mathrm{T}},\boldsymbol{A}^{\mathrm{T}},\boldsymbol{B}^{\mathrm{T}},\boldsymbol{B}^{\mathrm{T}}\boldsymbol{A}^{\mathrm{T}}$。

解　$\boldsymbol{AB}=\begin{pmatrix}1 & 2\\-1 & 0\\0 & 3\end{pmatrix}\begin{bmatrix}1 & 1 & 0\\-1 & 0 & 1\end{bmatrix}=\begin{pmatrix}-1 & 1 & 2\\-1 & -1 & 0\\-3 & 0 & 3\end{pmatrix}$；

$$(\boldsymbol{AB})^{\mathrm{T}}=\begin{pmatrix}-1 & -1 & -3\\ 1 & -1 & 0\\ 2 & 0 & 3\end{pmatrix};\boldsymbol{A}^{\mathrm{T}}=\begin{bmatrix}1 & -1 & 0\\ 2 & 0 & 3\end{bmatrix};$$

$$\boldsymbol{B}^{\mathrm{T}}=\begin{pmatrix}1 & -1\\ 1 & 0\\ 0 & 1\end{pmatrix};\boldsymbol{B}^{\mathrm{T}}\boldsymbol{A}^{\mathrm{T}}=\begin{pmatrix}-1 & -1 & -3\\ 1 & -1 & 0\\ 2 & 0 & 3\end{pmatrix};$$

且有$(\boldsymbol{AB})^{\mathrm{T}}=\boldsymbol{B}^{\mathrm{T}}\boldsymbol{A}^{\mathrm{T}}$。

一般地，矩阵转置满足以下运算律：

① $(\boldsymbol{A}^{\mathrm{T}})^{\mathrm{T}}=\boldsymbol{A}$；

② $(\boldsymbol{A}+\boldsymbol{B})^{\mathrm{T}}=\boldsymbol{A}^{\mathrm{T}}+\boldsymbol{B}^{\mathrm{T}}$；

③ $(k\boldsymbol{A})^{\mathrm{T}}=k\boldsymbol{A}^{\mathrm{T}}$；

④ $(\boldsymbol{AB})^{\mathrm{T}}=\boldsymbol{B}^{\mathrm{T}}\boldsymbol{A}^{\mathrm{T}}$。

5. 方阵的行列式

定义 2.8 由 n 阶方阵 $\boldsymbol{A}$ 的元素构成的行列式(各元素的位置不变)，称为方阵 $\boldsymbol{A}$ 的行列式，记作 $|\boldsymbol{A}|$，即若 $\boldsymbol{A}=\begin{pmatrix}a_{11} & a_{12} & \cdots & a_{1n}\\ a_{21} & a_{22} & \cdots & a_{2n}\\ \vdots & \vdots & & \vdots\\ a_{n1} & a_{n2} & \cdots & a_{nn}\end{pmatrix}$，那么 $|\boldsymbol{A}|=\begin{vmatrix}a_{11} & a_{12} & \cdots & a_{1n}\\ a_{21} & a_{22} & \cdots & a_{2n}\\ \vdots & \vdots & & \vdots\\ a_{n1} & a_{n2} & \cdots & a_{nn}\end{vmatrix}$。

注意：$\boldsymbol{A}$ 是一个数表，而 $|\boldsymbol{A}|$ 的结果是一个数。

方阵的行列式满足下列运算规则：

① $|\boldsymbol{A}^{\mathrm{T}}|=|\boldsymbol{A}|$；

② $|k\boldsymbol{A}|=k^n|\boldsymbol{A}|$；

③ $|\boldsymbol{AB}|=|\boldsymbol{A}||\boldsymbol{B}|$。

式③表明，对于同阶方阵 $\boldsymbol{A},\boldsymbol{B}$，虽然 $\boldsymbol{AB}\neq\boldsymbol{BA}$，但 $|\boldsymbol{AB}|=|\boldsymbol{BA}|$。

例 2.10 设 $\boldsymbol{A}=\begin{pmatrix}-1 & -1 & -3\\ 0 & -1 & 0\\ 0 & 0 & 3\end{pmatrix}$，求 $|3\boldsymbol{A}|$。

解 $|3\boldsymbol{A}|=3^3|\boldsymbol{A}|=27\times3=81$。

2.2 逆矩阵

2.2.1 逆矩阵的概念

从上一节中已经知道，如果已知矩阵 $\boldsymbol{A},\boldsymbol{B}$ 且满足相乘条件时，用矩阵乘法可求出积矩阵 $\boldsymbol{C}$，使 $\boldsymbol{AB}=\boldsymbol{C}$。现在如果已知矩阵 $\boldsymbol{A}$ 和积矩阵 $\boldsymbol{C}$，能否求出矩阵 $\boldsymbol{B}$，使 $\boldsymbol{AB}=\boldsymbol{C}$？为了解决这个问题，我们引出逆矩阵的概念。

定义 2.9 设 $\boldsymbol{A}$ 为 n 阶方阵，如果存在一个 n 阶方阵 $\boldsymbol{B}$，使 $\boldsymbol{AB}=\boldsymbol{BA}=\boldsymbol{E}$，则称 $\boldsymbol{A}$ 是**可逆的**，并称 $\boldsymbol{B}$ 是 $\boldsymbol{A}$ 的**逆矩阵或逆阵**，记为 $\boldsymbol{B}=\boldsymbol{A}^{-1}$。

注意：① 逆阵是对方阵而言的；

② 由定义可知此时 $\boldsymbol{AB}=\boldsymbol{BA}$（$\boldsymbol{A},\boldsymbol{B}$ 可交换）；

③ 若 $\boldsymbol{A}$ 的逆阵存在则必唯一。

证明 ③ 设 $\boldsymbol{B},\boldsymbol{C}$ 是 $\boldsymbol{A}$ 的任两逆阵，则

$$\boldsymbol{AB}=\boldsymbol{BA}=\boldsymbol{E},\boldsymbol{AC}=\boldsymbol{CA}=\boldsymbol{E},$$

$$\boldsymbol{B}=\boldsymbol{BE}=\boldsymbol{B}(\boldsymbol{AC})=(\boldsymbol{BA})\boldsymbol{C}=\boldsymbol{EC}=\boldsymbol{C},$$

所以 $\boldsymbol{A}$ 的逆阵唯一。

有了逆阵的概念，我们可以解决开头提出的问题，即已知矩阵 $\boldsymbol{A}$ 和矩阵 $\boldsymbol{C}$，能否求出矩阵 $\boldsymbol{B}$，使 $\boldsymbol{AB}=\boldsymbol{C}$？它的解法是，如果 $\boldsymbol{A}$ 可逆，在方程 $\boldsymbol{AB}=\boldsymbol{C}$ 两端左乘 $\boldsymbol{A}^{-1}$，得

$$\boldsymbol{A}^{-1}\boldsymbol{AB}=\boldsymbol{A}^{-1}\boldsymbol{C}\Rightarrow\boldsymbol{B}=\boldsymbol{A}^{-1}\boldsymbol{C}。$$

那么方阵 $\boldsymbol{A}$ 在什么条件下可逆？若可逆，怎样求逆阵？

2.2.2 逆阵的存在性及其求法

定义 2.10 设 A_{ij} 是方阵 $\boldsymbol{A}=\begin{bmatrix}a_{11}&a_{12}&\cdots&a_{1n}\\a_{21}&a_{22}&\cdots&a_{2n}\\\vdots&\vdots&&\vdots\\a_{m1}&a_{m2}&\cdots&a_{mn}\end{bmatrix}$ 的行列式 $|\boldsymbol{A}|$

中元素 a_{ij} 的代数余子式，称方阵 $\begin{pmatrix} A_{11} & A_{21} & \cdots & A_{n1} \\ A_{12} & A_{22} & \cdots & A_{n2} \\ \vdots & \vdots & & \vdots \\ A_{1n} & A_{2n} & \cdots & A_{nn} \end{pmatrix}$ 为 $\boldsymbol{A}$ 的**伴随矩阵**，记为 $\boldsymbol{A}^*$。

定理 2.1 若方阵 $\boldsymbol{A}$ 可逆，则 $|\boldsymbol{A}| \neq 0$。

证明 因为 $\boldsymbol{A}$ 可逆，所以 $\boldsymbol{A}\boldsymbol{A}^{-1}=\boldsymbol{A}^{-1}\boldsymbol{A}=\boldsymbol{E}$，$|\boldsymbol{A}\boldsymbol{A}^{-1}|=|\boldsymbol{A}||\boldsymbol{A}^{-1}|=|\boldsymbol{E}|=1$，即 $|\boldsymbol{A}|\neq 0$。

定义 2.11 如果矩阵 $\boldsymbol{A}$ 满足 $|\boldsymbol{A}|\neq 0$ 称 $\boldsymbol{A}$ 是**非奇异阵**。

定理 2.2 如果矩阵 $\boldsymbol{A}$ 满足 $|\boldsymbol{A}|\neq 0$，则 $\boldsymbol{A}$ 一定可逆，且 $\boldsymbol{A}^{-1}=\dfrac{\boldsymbol{A}^*}{|\boldsymbol{A}|}$。

证明 由矩阵乘法、行列式性质及推论，可得

$$\boldsymbol{A}\boldsymbol{A}^* = \begin{pmatrix} a_{11} & a_{12} & \cdots & a_{1n} \\ a_{21} & a_{22} & \cdots & a_{2n} \\ \vdots & \vdots & & \vdots \\ a_{m1} & a_{m2} & \cdots & a_{mn} \end{pmatrix}\begin{pmatrix} A_{11} & A_{21} & \cdots & A_{n1} \\ A_{12} & A_{22} & \cdots & A_{n2} \\ \vdots & \vdots & & \vdots \\ A_{1n} & A_{2n} & \cdots & A_{nn} \end{pmatrix}$$

$$= \begin{pmatrix} |A| & 0 & \cdots & 0 \\ 0 & |A| & \cdots & 0 \\ \vdots & \vdots & & \vdots \\ 0 & 0 & \cdots & |A| \end{pmatrix} = |\boldsymbol{A}|\boldsymbol{E},$$

因为 $|\boldsymbol{A}|\neq 0$，所以 $\boldsymbol{A}\dfrac{\boldsymbol{A}^*}{|\boldsymbol{A}|}=\boldsymbol{E}$。类似可得 $\boldsymbol{A}^*\boldsymbol{A}=|\boldsymbol{A}|\boldsymbol{E}$，因此

$$\frac{\boldsymbol{A}^*}{|\boldsymbol{A}|}\boldsymbol{A}=\boldsymbol{A}\frac{\boldsymbol{A}^*}{|\boldsymbol{A}|}=\boldsymbol{E},$$

即 $\boldsymbol{A}$ 可逆，且逆矩阵

$$\boldsymbol{A}^{-1}=\frac{\boldsymbol{A}^*}{|\boldsymbol{A}|}。$$

由定理 2.1 和定理 2.2 可知，矩阵 $\boldsymbol{A}$ 可逆的充要条件是 $|\boldsymbol{A}|\neq 0$。

例 2.11 当 $ad-bc\neq 0$ 时，求 $\boldsymbol{A}=\begin{bmatrix} a & b \\ c & d \end{bmatrix}$ 的逆矩阵。

解　$\begin{vmatrix} a & b \\ c & d \end{vmatrix}=ad-bc\neq 0$,所以 $\boldsymbol{A}$ 可逆。$A_{11}=d,A_{12}=-c,A_{22}=a,$ $A_{21}=-b$,所以

$$\boldsymbol{A}^*=\begin{pmatrix} A_{11} & A_{21} \\ A_{12} & A_{22} \end{pmatrix}=\begin{bmatrix} d & -b \\ -c & a \end{bmatrix},\begin{bmatrix} a & b \\ c & d \end{bmatrix}^{-1}=\frac{1}{ad-bc}\begin{bmatrix} d & -b \\ -c & a \end{bmatrix}。$$

例 2.12　求方阵 $\boldsymbol{A}=\begin{pmatrix} 1 & 2 & 3 \\ 2 & 2 & 1 \\ 3 & 4 & 3 \end{pmatrix}$ 的逆矩阵。

解　$|\boldsymbol{A}|=\begin{vmatrix} 1 & 2 & 3 \\ 2 & 2 & 1 \\ 3 & 4 & 3 \end{vmatrix}=\begin{vmatrix} 1 & 2 & 3 \\ 0 & -2 & -5 \\ 0 & -2 & -6 \end{vmatrix}=\begin{vmatrix} 1 & 2 & 3 \\ 0 & -2 & -5 \\ 0 & 0 & -1 \end{vmatrix}=2\neq 0$,所以 $\boldsymbol{A}$ 可逆。

又

$$A_{11}=(-1)^{1+1}\begin{vmatrix} 2 & 1 \\ 4 & 3 \end{vmatrix}=2,A_{12}=(-1)^{1+2}\begin{vmatrix} 2 & 1 \\ 3 & 3 \end{vmatrix}=-3,$$

$$A_{13}=(-1)^{1+3}\begin{vmatrix} 2 & 2 \\ 3 & 4 \end{vmatrix}=2,$$

$$A_{21}=(-1)^{2+1}\begin{vmatrix} 2 & 3 \\ 4 & 3 \end{vmatrix}=6,A_{22}=(-1)^{2+2}\begin{vmatrix} 1 & 3 \\ 3 & 3 \end{vmatrix}=-6,$$

$$A_{23}=(-1)^{2+3}\begin{vmatrix} 1 & 2 \\ 3 & 4 \end{vmatrix}=2,$$

$$A_{31}=(-1)^{3+1}\begin{vmatrix} 2 & 3 \\ 2 & 1 \end{vmatrix}=-4,A_{32}=(-1)^{3+2}\begin{vmatrix} 1 & 3 \\ 2 & 1 \end{vmatrix}=5,$$

$$A_{33}=(-1)^{3+3}\begin{vmatrix} 1 & 2 \\ 2 & 2 \end{vmatrix}=-2,$$

所以

$$\boldsymbol{A}^*=\begin{pmatrix} A_{11} & A_{21} & A_{31} \\ A_{12} & A_{22} & A_{32} \\ A_{13} & A_{23} & A_{33} \end{pmatrix}=\begin{pmatrix} 2 & 6 & -4 \\ -3 & -6 & 5 \\ 2 & 2 & -2 \end{pmatrix},$$

$$A^{-1}=\frac{A^*}{|A|}=\frac{1}{2}\begin{pmatrix}2 & 6 & -4\\ -3 & -6 & 5\\ 2 & 2 & -2\end{pmatrix}=\begin{pmatrix}1 & 3 & -2\\ -\frac{3}{2} & -3 & \frac{5}{2}\\ 1 & 1 & -1\end{pmatrix}。$$

由定理 2.2,可得如下推论:

推论 若 $\boldsymbol{AB}=\boldsymbol{E}$(或 $\boldsymbol{BA}=\boldsymbol{E}$),则 $\boldsymbol{B}=\boldsymbol{A}^{-1}$ 或 $\boldsymbol{A}=\boldsymbol{B}^{-1}$。

2.2.3 逆阵的运算性质

性质 1 若 $\boldsymbol{A}$ 可逆,则有 $\boldsymbol{A}^{-1}$ 亦可逆,且 $(\boldsymbol{A}^{-1})^{-1}=\boldsymbol{A}$。

证明 因为 $\boldsymbol{A}$ 可逆,则有 $\boldsymbol{AA}^{-1}=\boldsymbol{A}^{-1}\boldsymbol{A}=\boldsymbol{E}$,所以 $\boldsymbol{A}^{-1}$ 的逆阵就是 $\boldsymbol{A}$,即

$$(\boldsymbol{A}^{-1})^{-1}=\boldsymbol{A}。$$

性质 2 若 $\boldsymbol{A}$ 可逆,数 $k\neq 0$,则 $k\boldsymbol{A}$ 也可逆,且 $(k\boldsymbol{A})^{-1}=\frac{1}{k}\boldsymbol{A}^{-1}$。

证明 因为 $(k\boldsymbol{A})\left(\frac{1}{k}\boldsymbol{A}^{-1}\right)=\left(k\cdot\frac{1}{k}\right)\boldsymbol{AA}^{-1}=\boldsymbol{E}$,由定理 2.2 的推论,得

$$(k\boldsymbol{A})^{-1}=\frac{1}{k}\boldsymbol{A}^{-1}。$$

性质 3 若 $\boldsymbol{A}$ 可逆,则 $\boldsymbol{A}^{\mathrm{T}}$ 亦可逆,且 $(\boldsymbol{A}^{\mathrm{T}})^{-1}=(\boldsymbol{A}^{-1})^{\mathrm{T}}$。

证明 因为 $\boldsymbol{A}$ 可逆,即有 $\boldsymbol{AA}^{-1}=\boldsymbol{E}$, 所以 $(\boldsymbol{AA}^{-1})^{\mathrm{T}}=\boldsymbol{E}^{\mathrm{T}}=\boldsymbol{E}$,即

$$(\boldsymbol{A}^{-1})^{\mathrm{T}}\boldsymbol{A}^{\mathrm{T}}=\boldsymbol{E},$$

由定理 2.2 的推论,得

$$(\boldsymbol{A}^{\mathrm{T}})^{-1}=(\boldsymbol{A}^{-1})^{\mathrm{T}}。$$

性质 4 若 $\boldsymbol{A},\boldsymbol{B}$ 为同阶可逆方阵,则 $\boldsymbol{AB}$ 亦可逆,且 $(\boldsymbol{AB})^{-1}=\boldsymbol{B}^{-1}\boldsymbol{A}^{-1}$。

证明 因为 $\boldsymbol{A},\boldsymbol{B}$ 均可逆,所以存在 $\boldsymbol{A}^{-1},\boldsymbol{B}^{-1}$,使

$$(\boldsymbol{AB})(\boldsymbol{B}^{-1}\boldsymbol{A}^{-1})=\boldsymbol{A}(\boldsymbol{BB}^{-1})\boldsymbol{A}^{-1}=\boldsymbol{AEA}^{-1}=\boldsymbol{AA}^{-1}=\boldsymbol{E},$$

由定理 2.2 的推论,得 $\boldsymbol{AB}$ 可逆,且

$$(\boldsymbol{AB})^{-1}=\boldsymbol{B}^{-1}\boldsymbol{A}^{-1}。$$

例 2.13　设 $\boldsymbol{A}$ 是 n 阶方阵，$|\boldsymbol{A}|=\frac{1}{3}$。问：$3\boldsymbol{A}$ 是否可逆？并求 $|\boldsymbol{A}^{-1}|$，$|(3\boldsymbol{A})^{-1}|$。

解　因为 $|\boldsymbol{A}|=\frac{1}{3}\neq 0$，所以 $\boldsymbol{A}$ 可逆。由性质 2 知：$3\boldsymbol{A}$ 可逆，且 $(3\boldsymbol{A})^{-1}=\frac{1}{3}\boldsymbol{A}^{-1}$，又因为 $\boldsymbol{A}^{-1}\boldsymbol{A}=\boldsymbol{E}$，所以 $|\boldsymbol{A}^{-1}\boldsymbol{A}|=|\boldsymbol{A}||\boldsymbol{A}^{-1}|=|\boldsymbol{E}|=1$，即

$$|\boldsymbol{A}^{-1}|=\frac{1}{|\boldsymbol{A}|}=3,$$

$$|(3\boldsymbol{A})^{-1}|=\left|\frac{1}{3}\boldsymbol{A}^{-1}\right|=\left(\frac{1}{3}\right)^n|\boldsymbol{A}^{-1}|=3^{1-n}。$$

2.2.4　用逆阵求解矩阵方程

我们已经知道：利用矩阵的乘法，可以把线性方程组

$$\begin{cases} a_{11}x_1+a_{12}x_2+\cdots+a_{1n}x_n=b_1, \\ a_{21}x_1+a_{22}x_2+\cdots+a_{2n}x_n=b_2, \\ \quad\vdots \qquad\quad \vdots \qquad\qquad\quad \vdots \qquad\quad \vdots \\ a_{n1}x_1+a_{n2}x_2+\cdots+a_{nn}x_n=b_n \end{cases}$$

写成矩阵方程 $\boldsymbol{AX}=\boldsymbol{B}$ 的形式，其中

$$\boldsymbol{A}=\begin{pmatrix} a_{11} & a_{12} & \cdots & a_{1n} \\ a_{21} & a_{22} & \cdots & a_{2n} \\ \vdots & \vdots & & \vdots \\ a_{n1} & a_{n2} & \cdots & a_{nn} \end{pmatrix},\boldsymbol{X}=\begin{pmatrix} x_1 \\ x_2 \\ \vdots \\ x_n \end{pmatrix},\boldsymbol{B}=\begin{pmatrix} b_1 \\ b_2 \\ \vdots \\ b_n \end{pmatrix},$$

只要 $\boldsymbol{A}$ 可逆（用 $\boldsymbol{A}^{-1}$ 左乘矩阵方程两边），则 $\boldsymbol{X}=\boldsymbol{A}^{-1}\boldsymbol{B}$。

例 2.14　解线性方程组 $\begin{cases} x_1-x_2-x_3=2, \\ 2x_1-x_2-3x_3=1, \\ 3x_1+2x_2-5x_3=0。 \end{cases}$

解　记 $\boldsymbol{A}=\begin{pmatrix} 1 & -1 & -1 \\ 2 & -1 & -3 \\ 3 & 2 & -5 \end{pmatrix}$，$\boldsymbol{X}=\begin{pmatrix} x_1 \\ x_2 \\ x_3 \end{pmatrix}$，$\boldsymbol{B}=\begin{pmatrix} 2 \\ 1 \\ 0 \end{pmatrix}$，则方程组可写成

矩阵方程

$$\boldsymbol{AX}=\boldsymbol{B},$$

$|\boldsymbol{A}|=\begin{vmatrix}1 & -1 & -1\\ 2 & -1 & -3\\ 3 & 2 & -5\end{vmatrix}=3\neq 0$，所以 $\boldsymbol{A}$ 可逆，$\boldsymbol{A}^*=\begin{pmatrix}11 & -7 & 2\\ 1 & -2 & 1\\ 7 & -5 & 1\end{pmatrix}$，故

$$\boldsymbol{A}^{-1}=\frac{1}{|\boldsymbol{A}|}\boldsymbol{A}^*=\frac{1}{3}\begin{pmatrix}11 & -7 & 2\\ 1 & -2 & 1\\ 7 & -5 & 1\end{pmatrix},$$

于是

$$\boldsymbol{X}=\boldsymbol{A}^{-1}\boldsymbol{B}=\frac{1}{3}\begin{pmatrix}11 & -7 & 2\\ 1 & -2 & 1\\ 7 & -5 & 1\end{pmatrix}\begin{pmatrix}2\\ 1\\ 0\end{pmatrix}=\begin{pmatrix}5\\ 0\\ 3\end{pmatrix},$$

即线性方程组的解为 $x_1=5, x_2=0, x_3=3$。

例 2.15 设 $\boldsymbol{A}=\begin{pmatrix}1 & 2 & 3\\ 2 & 2 & 1\\ 3 & 4 & 3\end{pmatrix}$，$\boldsymbol{B}=\begin{bmatrix}2 & 1\\ 5 & 3\end{bmatrix}$，$\boldsymbol{C}=\begin{pmatrix}1 & 3\\ 2 & 0\\ 3 & 1\end{pmatrix}$，求矩阵 $\boldsymbol{X}$ 使满足：$\boldsymbol{AXB}=\boldsymbol{C}$。

解 若 $\boldsymbol{A}^{-1}$，$\boldsymbol{B}^{-1}$ 存在，则用 $\boldsymbol{A}^{-1}$ 左乘上式，$\boldsymbol{B}^{-1}$ 右乘上式，有

$$\boldsymbol{A}^{-1}\boldsymbol{AXBB}^{-1}=\boldsymbol{A}^{-1}\boldsymbol{CB}^{-1},$$

即

$$\boldsymbol{X}=\boldsymbol{A}^{-1}\boldsymbol{CB}^{-1}。$$

由例 2.12 知 $\boldsymbol{A}$ 可逆，且 $\boldsymbol{A}^{-1}=\begin{pmatrix}1 & 3 & -2\\ -\frac{3}{2} & -3 & \frac{5}{2}\\ 1 & 1 & -1\end{pmatrix}$，而 $\boldsymbol{B}^{-1}=\begin{bmatrix}3 & -1\\ -5 & 2\end{bmatrix}$，于是

$$\boldsymbol{X}=\boldsymbol{A}^{-1}\boldsymbol{CB}^{-1}=\begin{pmatrix}1 & 3 & -2\\ -\frac{3}{2} & -3 & \frac{5}{2}\\ 1 & 1 & -1\end{pmatrix}\begin{bmatrix}1 & 3\\ 2 & 0\\ 3 & 1\end{bmatrix}\begin{bmatrix}3 & -1\\ -5 & 2\end{bmatrix}$$

$$=\begin{bmatrix}1 & 1\\0 & -2\\0 & 2\end{bmatrix}\begin{bmatrix}3 & -1\\-5 & 2\end{bmatrix}=\begin{pmatrix}-2 & 1\\10 & -4\\-10 & 4\end{pmatrix}。$$

2.3　矩阵的初等变换

2.3.1　矩阵的初等变换

用伴随矩阵求逆矩阵比较麻烦，因为要计算很多行列式，但引用矩阵的初等变换可以简化手续。下面我们介绍初等变换的概念。

定义 2.12　对矩阵的行进行如下三种变换，称为矩阵的初等行变换：

① 交换矩阵的两行($r_i \leftrightarrow r_j$)；

② 矩阵某一行的元素都乘以同一个不等于0的常数 k($k \times r_i$($k \neq 0$))；

③ 将矩阵的某一行的元素同乘数 k 后加到另一行的对应元素上去($kr_i + r_j$)。

把定义中的“行”换成“列”，即得到矩阵的初等列变换的定义。

矩阵的初等行(列)变换统称为矩阵的**初等变换**。

定义 2.13　矩阵 $\boldsymbol{A}$ 经过有限次初等变换后化为矩阵 $\boldsymbol{B}$，就称矩阵 $\boldsymbol{A}$ 与矩阵 $\boldsymbol{B}$ 等价，记为 $\boldsymbol{A} \to \boldsymbol{B}$。

显然，如果 $\boldsymbol{A}$ 与 $\boldsymbol{B}$ 等价，则 $\boldsymbol{B}$ 也与 $\boldsymbol{A}$ 等价。事实上，如果 $\boldsymbol{A}$ 经过有限次初等变换后变成 $\boldsymbol{B}$，那么可以用相反的顺序经过同样多次适当的初等变换将 $\boldsymbol{B}$ 变成 $\boldsymbol{A}$。

例 2.16　对矩阵 $\boldsymbol{A}=\begin{pmatrix}0 & 1 & 1 & 2\\2 & 3 & 2 & 5\\3 & 1 & -1 & -1\end{pmatrix}$ 施行初等行变换。

解　$$\boldsymbol{A}=\begin{pmatrix}0 & 1 & 1 & 2\\2 & 3 & 2 & 5\\3 & 1 & -1 & -1\end{pmatrix}\xrightarrow{r_1 \leftrightarrow r_2}\begin{pmatrix}2 & 3 & 2 & 5\\0 & 1 & 1 & 2\\3 & 1 & -1 & -1\end{pmatrix}$$

$$\xrightarrow{-\frac{3}{2}r_1+r_3}\begin{pmatrix}2 & 3 & 2 & 5\\0 & 1 & 1 & 2\\0 & -\frac{7}{2} & -4 & -\frac{17}{2}\end{pmatrix}$$

$$\xrightarrow{\frac{7}{2}r_2+r_3}\begin{pmatrix}2 & 3 & 2 & 5\\0 & 1 & 1 & 2\\0 & 0 & -\frac{1}{2} & -\frac{3}{2}\end{pmatrix}\xrightarrow{-2r_3}\begin{pmatrix}2 & 3 & 2 & 5\\0 & 1 & 1 & 2\\0 & 0 & 1 & 3\end{pmatrix}=\boldsymbol{B}。$$

像矩阵 $\boldsymbol{B}$ 这种形式的矩阵，称为**阶梯形矩阵**。

一般地，有如下定义：

定义 2.14 满足下列两个条件的矩阵称为**阶梯形矩阵**：

① 矩阵的零行（若存在的话）在非零行的下方；

② 首非零元（即非零行的第一个不为零的元素）的列标随着行标的递增而严格增大。

例如，矩阵

$$\begin{pmatrix}0 & 3 & 2 & 0\\0 & 0 & -2 & 3\\0 & 0 & 0 & 0\end{pmatrix},\begin{pmatrix}1 & 3 & 2 & 4\\0 & 2 & 1 & 1\\0 & 0 & 0 & 5\end{pmatrix},\begin{pmatrix}1 & 2 & 3 & 4 & 5\\0 & -9 & 4 & 3 & 0\\0 & 0 & 0 & 3 & 4\\0 & 0 & 0 & 0 & 0\end{pmatrix}$$

都是阶梯形矩阵，而矩阵

$$\begin{pmatrix}1 & 2 & 4 & 0\\0 & 0 & 2 & 1\\0 & 3 & 0 & -3\\0 & 0 & 0 & 0\end{pmatrix},\begin{pmatrix}1 & 2 & -1 & 3\\0 & 6 & 4 & 8\\0 & 3 & 8 & 1\\0 & 0 & 0 & 0\end{pmatrix},\begin{pmatrix}4 & -1 & 3 & 4\\0 & 0 & 0 & 0\\0 & 1 & 5 & 6\\0 & 0 & 0 & 0\end{pmatrix}$$

都不是阶梯形矩阵。

定义 2.15 如果阶梯形矩阵满足下列两个条件，则称为**行最简阶梯形矩阵**：

① 非零行的首个非零元都是 1；

② 所在列的其余元素都是零。

例如，矩阵$\begin{pmatrix}1&2&0&0&0&-7\\0&0&1&1&0&6\\0&0&0&0&1&1\\0&0&0&0&0&0\end{pmatrix}$是一个行最简阶梯形矩阵。而

矩阵$\begin{pmatrix}1&2&3&4&5\\0&-1&4&3&0\\0&0&0&2&4\\0&0&0&0&0\end{pmatrix}$虽然是阶梯形矩阵，但它不是行最简阶梯形矩阵。

我们对它施行初等行变换，就可化为行最简阶梯形矩阵。

$$\begin{pmatrix}1&2&3&4&5\\0&-1&4&3&0\\0&0&0&2&4\\0&0&0&0&0\end{pmatrix}\xrightarrow{-r_2}\begin{pmatrix}1&2&3&4&5\\0&1&-4&-3&0\\0&0&0&2&4\\0&0&0&0&0\end{pmatrix}$$

$$\xrightarrow{-2r_2+r_1}\begin{pmatrix}1&0&11&10&5\\0&1&-4&-3&0\\0&0&0&2&4\\0&0&0&0&0\end{pmatrix}$$

$$\xrightarrow{\frac{1}{2}r_3}\begin{pmatrix}1&0&11&10&5\\0&1&-4&-3&0\\0&0&0&1&2\\0&0&0&0&0\end{pmatrix}$$

$$\xrightarrow[-10r_3+r_1]{3r_3+r_2}\begin{pmatrix}1&0&11&0&-15\\0&1&-4&0&6\\0&0&0&1&2\\0&0&0&0&0\end{pmatrix}。$$

一般地，有如下结果：

定理 2.3 任意矩阵经过若干次初等行变换都可化成阶梯形矩阵和行最简阶梯形矩阵。

例 2.17 将矩阵 $\boldsymbol{A}=\begin{pmatrix}2 & -1 & -1 & 1 & 2\\ 1 & 1 & -2 & 1 & 4\\ 4 & -6 & 2 & -2 & 4\\ 3 & 6 & -9 & 7 & 9\end{pmatrix}$ 化为行最简阶梯形。

解 $\boldsymbol{A}=\begin{pmatrix}2 & -1 & -1 & 1 & 2\\ 1 & 1 & -2 & 1 & 4\\ 4 & -6 & 2 & -2 & 4\\ 3 & 6 & -9 & 7 & 9\end{pmatrix}$

$$\xrightarrow[\frac{1}{2}r_3]{r_1\leftrightarrow r_2}\begin{pmatrix}1 & 1 & -2 & 1 & 4\\ 2 & -1 & -1 & 1 & 2\\ 2 & -3 & 1 & -1 & 2\\ 3 & 6 & -9 & 7 & 9\end{pmatrix}$$

$$\xrightarrow[\substack{-2r_1+r_3\\ -3r_1+r_4}]{-r_3+r_2}\begin{pmatrix}1 & 1 & -2 & 1 & 4\\ 0 & 2 & -2 & 2 & 0\\ 0 & -5 & 5 & -3 & -6\\ 0 & 3 & -3 & 4 & -3\end{pmatrix}$$

$$\xrightarrow[-3r_2+r_4]{\substack{\frac{1}{2}r_2\\ 5r_2+r_3}}\begin{pmatrix}1 & 1 & -2 & 1 & 4\\ 0 & 1 & -1 & 1 & 0\\ 0 & 0 & 0 & 2 & -6\\ 0 & 0 & 0 & 1 & -3\end{pmatrix}$$

$$\xrightarrow[-2r_3+r_4]{r_3\leftrightarrow r_4}\begin{pmatrix}1 & 1 & -2 & 1 & 4\\ 0 & 1 & -1 & 1 & 0\\ 0 & 0 & 0 & 1 & -3\\ 0 & 0 & 0 & 0 & 0\end{pmatrix}\text{(阶梯形)}$$

$$\xrightarrow{-r_2+r_1}\begin{pmatrix}1 & 0 & -1 & 0 & 4\\ 0 & 1 & -1 & 1 & 0\\ 0 & 0 & 0 & 1 & -3\\ 0 & 0 & 0 & 0 & 0\end{pmatrix}$$

$$\xrightarrow{-r_3+r_2}\begin{pmatrix}1 & 0 & -1 & 0 & 4\\ 0 & 1 & -1 & 0 & 3\\ 0 & 0 & 0 & 1 & -3\\ 0 & 0 & 0 & 0 & 0\end{pmatrix}\text{（行最简阶梯形）。}$$

2.3.2　矩阵的秩

对上面例 2.17 的 $\boldsymbol{A}$ 也可以用如下的行初等变换化为阶梯形矩阵。

$$\boldsymbol{A}=\begin{pmatrix}2 & -1 & -1 & 1 & 2\\ 1 & 1 & -2 & 1 & 4\\ 4 & -6 & 2 & -2 & 4\\ 3 & 6 & -9 & 7 & 9\end{pmatrix}\xrightarrow{-r_4+r_3}\begin{pmatrix}2 & -1 & -1 & 1 & 2\\ 1 & 1 & -2 & 1 & 4\\ 1 & -12 & 11 & -9 & -5\\ 3 & 6 & -9 & 7 & 9\end{pmatrix}$$

$$\xrightarrow[-3r_2+r_4]{\substack{-2r_2+r_1\\ -r_2+r_3}}\begin{pmatrix}0 & -3 & 3 & -1 & -6\\ 1 & 1 & -2 & 1 & 4\\ 0 & -13 & 13 & -10 & -9\\ 0 & 3 & -3 & 4 & -3\end{pmatrix}$$

$$\xrightarrow[-4r_1+r_3]{r_1+r_4}\begin{pmatrix}0 & -3 & 3 & -1 & -6\\ 1 & 1 & -2 & 1 & 4\\ 0 & -1 & 1 & -6 & 15\\ 0 & 0 & 0 & 3 & -9\end{pmatrix}$$

$$\xrightarrow{-3r_3+r_1}\begin{pmatrix}0 & 0 & 0 & 17 & -51\\ 1 & 1 & -2 & 1 & 4\\ 0 & -1 & 1 & -6 & 15\\ 0 & 0 & 0 & 3 & -9\end{pmatrix}$$

$$\xrightarrow[\substack{r_1\leftrightarrow r_2\\ r_2\leftrightarrow r_3}]{\substack{\frac{1}{17}r_1\\ \frac{1}{3}r_4}}\begin{pmatrix}1 & 1 & -2 & 1 & 4\\ 0 & -1 & 1 & -6 & 5\\ 0 & 0 & 0 & 1 & -3\\ 0 & 0 & 0 & 1 & -3\end{pmatrix}$$

$$\xrightarrow{-r_3+r_4}\begin{pmatrix}1 & 1 & -2 & 1 & 4\\0 & -1 & 1 & -6 & 5\\0 & 0 & 0 & 1 & -3\\0 & 0 & 0 & 0 & 0\end{pmatrix}。$$

所以对矩阵施行不同的初等行变换得到的阶梯形矩阵不一样，但是这两个阶梯形矩阵的非零行的个数一样。

一般地，有如下结果：

定理 2.4 如果对矩阵 $\boldsymbol{A}$ 施行任意两种初等行变换化为阶梯形矩阵 $\boldsymbol{B}$ 和 $\boldsymbol{C}$，则 $\boldsymbol{B}$ 和 $\boldsymbol{C}$ 的非零行的个数相同。

该定理说明，对任意矩阵进行任意种初等行变换化为阶梯形矩阵，其阶梯形矩阵的非零行的个数始终是个不变量。为此给出下列定义：

定义 2.16 矩阵 $\boldsymbol{A}$ 经过若干有限次初等行变换化为阶梯形矩阵，则该阶梯形矩阵的非零行的行数 r 称为矩阵 $\boldsymbol{A}$ 的秩，记为 $R(\boldsymbol{A})$，即 $R(\boldsymbol{A})=r$。

例 2.18 求矩阵 $\boldsymbol{A}=\begin{pmatrix}2 & 3 & -5 & 4\\0 & -2 & 6 & -4\\-1 & 1 & -5 & 3\\3 & -1 & 9 & -5\end{pmatrix}$ 的秩。

解 $$\begin{pmatrix}2 & 3 & -5 & 4\\0 & -2 & 6 & -4\\-1 & 1 & -5 & 3\\3 & -1 & 9 & -5\end{pmatrix}\xrightarrow[3r_1+r_4]{\substack{r_1\leftrightarrow r_3\\2r_1+r_3}}\begin{pmatrix}-1 & 1 & -5 & 3\\0 & -2 & 6 & -4\\0 & 5 & -15 & 10\\0 & 2 & -6 & 4\end{pmatrix}\xrightarrow[r_2+r_4]{\frac{5}{2}r_2+r_3}$$

$$\begin{pmatrix}-1 & 1 & -5 & 3\\0 & -2 & 1 & -4\\0 & 0 & 0 & 0\\0 & 0 & 0 & 0\end{pmatrix}$$，所以 $R(\boldsymbol{A})=2$。

定理 2.5 方阵 $\boldsymbol{A}$ 与方阵 $\boldsymbol{B}$ 等价，则 $|\boldsymbol{A}|=0$ 的充要条件是 $|\boldsymbol{B}|=0$。

证明 方阵 $\boldsymbol{A}$ 经过若干有限次初等行变换化为方阵 $\boldsymbol{B}$。

① 如果施行第一种初等行变换，即交换矩阵的两行，则 $|\boldsymbol{A}|=-|\boldsymbol{B}|$，从而 $|\boldsymbol{A}|=0\Leftrightarrow|\boldsymbol{B}|=0$；

② 如果施行第二种初等行变换，即矩阵 $\boldsymbol{A}$ 某一行的元素都乘以同一个不等于 0 的常数 k，则 $|\boldsymbol{A}|=\frac{1}{k}|\boldsymbol{B}|$，从而 $|\boldsymbol{A}|=0\Leftrightarrow|\boldsymbol{B}|=0$；

③ 如果施行第三种初等行变换，即将矩阵 $\boldsymbol{A}$ 的某一行的元素同乘以一个数 k，并加到另一行的对应元素上去，则 $|\boldsymbol{A}|=|\boldsymbol{B}|$，从而 $|\boldsymbol{A}|=0\Leftrightarrow|\boldsymbol{B}|=0$。

所以不论经过何种初等行变换，都有 $|\boldsymbol{A}|=0$ 的充要条件是 $|\boldsymbol{B}|=0$。

定理 2.6　n 阶方阵 $\boldsymbol{A}$ 的秩 $\mathrm{r}(\boldsymbol{A})<n$ 的充要条件是 $|\boldsymbol{A}|=0$。

证明　矩阵 $\boldsymbol{A}$ 经过若干有限次初等行变换化为阶梯形矩阵 $\boldsymbol{B}$，则 $|\boldsymbol{A}|=0$ 的充要条件是 $|\boldsymbol{B}|=0$，对于阶梯形矩阵 $\boldsymbol{B}$，$|\boldsymbol{B}|=0$ 的充要条件是 $\boldsymbol{B}$ 的非零行的个数 $<n$，即秩 $\mathrm{r}(\boldsymbol{A})<n$。

2.4　用矩阵的初等行变换求逆矩阵

在 2.2.2 中，我们已给出了求 n 阶方阵 $\boldsymbol{A}(|\boldsymbol{A}|\neq 0)$ 的逆阵的一个公式，即 $\boldsymbol{A}^{-1}=\frac{\boldsymbol{A}^*}{|\boldsymbol{A}|}$，但是要计算 n^2 个 $(n-1)$ 阶行列式，工作量较大，为此，介绍用矩阵的初等行变换求逆阵的新方法。其步骤如下：

① 由方阵 $\boldsymbol{A}$ 构造矩阵 $(\boldsymbol{A}\vdots\boldsymbol{E})$；

② 对 $(\boldsymbol{A}\vdots\boldsymbol{E})$ 进行初等行变换，将 $(\boldsymbol{A}\vdots\boldsymbol{E})$ 化为 $(\boldsymbol{E}\vdots\boldsymbol{C})$，则 $\boldsymbol{C}$ 即为 $\boldsymbol{A}$ 的逆阵。

例 2.19　求方阵 $\boldsymbol{A}=\begin{pmatrix}1&2&3\\2&2&1\\3&4&3\end{pmatrix}$ 的逆矩阵 $\boldsymbol{A}^{-1}$。

解　$(A\vdots E)=\begin{pmatrix}1&2&3&1&0&0\\2&2&1&0&1&0\\3&4&3&0&0&1\end{pmatrix}$

$$\xrightarrow[-3r_1+r_3]{-2r_1+r_2}\begin{pmatrix}1&2&3&1&0&0\\0&-2&-5&-2&1&0\\0&-2&-6&-3&0&1\end{pmatrix}$$

$$\xrightarrow[-r_2+r_3]{r_2+r_1}\begin{pmatrix}1&0&-2&-1&1&0\\0&-2&-5&-2&1&0\\0&0&-1&-1&-1&1\end{pmatrix}$$

$$\xrightarrow[-5r_3+r_2]{-2r_3+r_1}\begin{pmatrix}1&0&0&1&3&-2\\0&-2&0&3&6&-5\\0&0&-1&-1&-1&1\end{pmatrix}$$

$$\xrightarrow[-r_3]{-\frac{1}{2}r_2}\begin{pmatrix}1&0&0&1&3&-2\\0&1&0&-\frac{3}{2}&-3&\frac{5}{2}\\0&0&1&1&1&-1\end{pmatrix}$$

所以

$$\boldsymbol{A}^{-1}=\begin{pmatrix}1&3&-2\\-\frac{3}{2}&-3&\frac{5}{2}\\1&1&-1\end{pmatrix}。$$

2.5 初等行变换在单纯形法中的应用

单纯形是解决线性规划问题的重要方法。下面就来研究初等行变换在单纯形法中的应用。为此，首先介绍线性规划问题的数学模型和标准形式。

2.5.1 线性规划问题的数学模型和标准形式

1. 线性规划问题的数学模型

为具体阐明什么是线性规划问题，如何建立其数学模型，先看下面几个引例。

引例 1 （最优利用问题）

某企业生产甲、乙两种产品，要用 A，B，C 三种不同的原料，每生产一件产品甲，需用三种原料分别为 1，1，0 单位，生产一件产品乙，需用三种原料分别为 1，2，1 单位。该企业每天原料供应的能力分别为 6，

8,3单位,每生产一件甲、乙产品,所获利润分别为3元,4元,问如何安排生产计划,才能使企业一天的总利润最大?

解 设产品甲、乙的日产量分别为 x_1,x_2 件,企业一天的总利润用 Z(单位:元)表示,根据题设条件和要求,该问题的数学模式为

$$\max Z = 3x_1 + 4x_2,$$

$$\text{s. t.} \begin{cases} x_1 + x_2 \leqslant 6, \\ x_1 + 2x_2 \leqslant 8 \\ x_2 \leqslant 3, \\ x_1, x_2 \geqslant 0, \end{cases}$$

这里 $\max Z$ 表示求 Z 的最大值。

引例2 (运输调度问题)

设有两个砖厂 A_1,A_2,产量分别为20万块与30万块,它们的产量供应 B_1,B_2,B_3 三个工地,这三个工地的需求量分别为15万块,18万块和17万块,各地的产量和需求量以及从产地到销地的单位运价如表2.1所示。

表2.1 (单位:元/万块)

砖厂	工地			产量/万块
	B_1	B_2	B_3	
A_1	30	40	50	20
A_2	40	60	80	30
需求量	15	18	17	

问应如何调运,才能使总运费最省?

解 设 x_{ij} 表示由砖厂 A_i 运往工地 B_j 的砖的数量(单位:万块)($i=1,2;j=1,2,3$),用 Z 表示总运费(单位:元)。

注意,本例中总的供应量=总的需求量=50万块,故这是一个供需平衡的运输问题。因此,从各砖厂运出砖的数量应当等于它的产量。所以,该问题的数学模型为

$$\min Z = 30x_{11} + 40x_{12} + 50x_{13} + 40x_{21} + 60x_{22} + 80x_{23},$$

$$\text{s. t.}\begin{cases}x_{11}+x_{12}+x_{13}=20,\\x_{21}+x_{22}+x_{23}=30,\\x_{11}+x_{21}=15,\\x_{12}+x_{22}=18,\\x_{13}+x_{23}=17,\\x_{ij}\geqslant 0\quad(i=1,2;j=1,2,3),\end{cases}$$

这里 $\min Z$ 表示求 Z 的最小值。

以上两个问题尽管内容各不相同，但却有着相同的数学形式，它们都是在一组等式或不等式的约束条件下，求某个函数的最大值或最小值，而且函数与约束条件都是线性的，所以我们把具有这种形式的数学模型的问题称为**线性规划问题**。

线性规划问题的数学模型的一般形式为

$$\max(\min)Z=c_1x_1+c_2x_2+\cdots+c_nx_n,$$

其中 $x_1,x_2,\cdots,x_n$ 满足以下约束条件：

$$\text{s. t.}\begin{cases}a_{11}x_1+a_{12}x_2+\cdots+a_{1n}x_n\leqslant(=,\geqslant)b_1,\\a_{21}x_1+a_{22}x_2+\cdots+a_{2n}x_n\leqslant(=,\geqslant)b_2,\\\quad\vdots\qquad\quad\vdots\qquad\qquad\vdots\qquad\qquad\vdots\\a_{m1}x_1+a_{m2}x_2+\cdots+a_{mn}x_n\leqslant(=,\geqslant)b_m,\\x_1,x_2,\cdots,x_n\geqslant 0,\end{cases}$$

此模型可简记为

$$\max(\min)Z=\sum_{j=1}^{n}c_jx_j,$$

$$\text{s. t.}\begin{cases}\sum\limits_{j=1}^{n}a_{ij}x_j\leqslant(=,\geqslant)b_i\quad(i=1,2,\cdots,m),\\x_j\geqslant 0\quad(j=1,2,\cdots,n),\end{cases}\qquad(*)$$

其中 Z 称为目标函数，式($*$)称为约束条件，x_j 称为问题的决策变量，把满足约束条件的一组 $x_1,x_2,\cdots,x_n$ 的值称为线性规划问题的**可行解**，所有可行解的集合称为线性规划问题的**可行域**。其中，使目标函数达到最大值或最小值的可行解称为该线性规划问题的**最优解**或简称为**线性规划问题的解**，其所对应的目标函数的值称为最

优值。

2. 线性规划问题的标准形式

线性规划问题的一般形式表现为多种多样，为了便于讨论问题，有必要统一其数学形式，我们规定线性规划问题的**标准形式**为

$$\max Z = c_1x_1 + c_2x_2 + \cdots + c_nx_n,$$

$$\text{s. t.} \begin{cases} a_{11}x_1 + a_{12}x_2 + \cdots + a_{1n}x_n = b_1, \\ a_{21}x_1 + a_{22}x_2 + \cdots + a_{2n}x_n = b_2, \\ \quad\vdots \qquad\quad \vdots \qquad\qquad\quad \vdots \qquad \vdots \\ a_{m1}x_1 + a_{m2}x_2 + \cdots + a_{mn}x_n = b_m, \\ x_1, x_2, \cdots, x_n \geqslant 0, \end{cases}$$

简记为

$$\max Z = \sum_{j=1}^{n} c_jx_j,$$

$$\text{s. t.} \begin{cases} \sum\limits_{j=1}^{n} a_{ij}x_j = b_i \quad (i = 1,2,\cdots,m), \\ x_j \geqslant 0 \quad (j = 1,2,\cdots,n). \end{cases}$$

即在标准形式中，对目标函数只讨论最大值，所有约束条件都用等式，通常要求 $b_i \geqslant 0 (i=1,2,\cdots,m)$。

若建立的数学模型不是标准形式，则可通过下面的变换，化为标准形式。

① 如果问题是求目标函数 Z 的最小值（即 $\min Z$），则由等式 $\min Z = -\max(-Z)$ 可将求目标函数最小值问题转化为求最大值问题；

② 如果 $b_i < 0 (i=1,2,\cdots,m)$，则等式或不等式两端同乘以 -1。

③ 如果约束条件为不等式，则可把每个不等式的左边加上或减去一个非负变量使之成为等式。加入的非负变量称为**松弛变量**，它在目标函数中的系数为零。

例 2.20　将下列线性规划问题化为标准形式：

$$\min Z = 3x_1 - x_2,$$

$$\text{s.t.}\begin{cases} x_1 + 2x_2 \leqslant 8, \\ x_1 - 3x_2 \geqslant 1, \\ x_1 \geqslant 0, x_2 \geqslant 0. \end{cases}$$

解 引入松弛变量 $x_3 \geqslant 0, x_4 \geqslant 0$ 后，约束不等式可变为约束等式：

$$x_1 + 2x_2 + x_3 = 8,$$
$$x_1 - 3x_2 - x_4 = 1,$$

原线性规划问题的标准形式为

$$\max(-Z) = -3x_1 + x_2 + 0x_3 + 0x_4,$$

$$\text{s.t.}\begin{cases} x_1 + 2x_2 + x_3 = 8, \\ x_1 - 3x_2 - x_4 = 1, \\ x_j \geqslant 0 \quad (j = 1,2,3,4), \end{cases}$$

此时，$\min Z = -\max(-Z)$。

例 2.21 将下列线性规划问题化为标准形式：

$$\max Z = 2x_1 + x_2,$$

$$\text{s.t.}\begin{cases} x_1 - x_2 \geqslant -5, \\ 2x_1 - 5x_2 \leqslant 10, \\ x_1 \geqslant 0, x_2 \geqslant 0. \end{cases}$$

解 首先将 $x_1 - x_2 \geqslant -5$ 转换为 $-x_1 + x_2 \leqslant 5$，然后引入松弛变量 $x_3 \geqslant 0, x_4 \geqslant 0$，则可得其标准形式为

$$\max Z = 2x_1 + x_2 + 0x_3 + 0x_4,$$

$$\text{s.t.}\begin{cases} -x_1 + x_2 + x_3 = 5, \\ 2x_1 - 5x_2 + x_4 = 10, \\ x_j \geqslant 0 \quad (j = 1,2,3,4). \end{cases}$$

2.5.2 单纯形法

线性规划问题的标准形式也可以表示为以下矩阵形式

$$\max Z = \boldsymbol{CX},$$

$$\text{s.t.}\begin{cases} \boldsymbol{AX} = \boldsymbol{b}, \\ \boldsymbol{X} \geqslant 0, \end{cases}$$

其中

$$A=\begin{pmatrix} a_{11} & a_{12} & \cdots & a_{1n} \\ a_{21} & a_{22} & \cdots & a_{2n} \\ \vdots & \vdots & & \vdots \\ a_{m1} & a_{m2} & \cdots & a_{mn} \end{pmatrix},$$

$$\boldsymbol{b}=(b_1,b_2,\cdots,b_m)^{\mathrm{T}} \quad (b_i\geqslant 0, i=1,2,\cdots,m),$$

$$\boldsymbol{X}=(x_1,x_2,\cdots,x_n)^{\mathrm{T}}, \boldsymbol{C}=(c_1,c_2,\cdots,c_n)。$$

A 称为线性规划的系数矩阵，如果系数矩阵 **A** 中含有一个单位矩阵且对应的约束等式右端的系数均非负，则此线性规划就可用**单纯形法**求解，如果系数矩阵 **A** 中不含单位矩阵，则可将约束等式的增广矩阵(**Ab**)经过一系列的初等行变换将 **A** 化为含单位矩阵的矩阵。

我们把系数矩阵 **A** 中所含的单位矩阵称为线性规划问题的一个**基**，并且把单位矩阵各列所对应的变量称为对应于该基的**基变量**，其余的变量称为**非基变量**。在确定了基之后，令所有非基变量为零，代入约束方程，解得唯一解，这个解称为对应于该基的**基础可行解**，简称为**基可行解**，这个基称为**可行基**。

例如，在下面的线性规划问题中：

$$\max Z = x_1 + 2x_2 + 0x_3 + 0x_4,$$

$$\text{s. t.} \quad \begin{cases} 3x_1 + 2x_2 + x_3 + 0x_4 = 6, \\ -x_1 + x_2 + 0x_3 + x_4 = 1, \\ x_j \geqslant 0 \quad (j=1,2,3,4), \end{cases}$$

系数矩阵 $A=\begin{bmatrix} 3 & 2 & 1 & 0 \\ -1 & 1 & 0 & 1 \end{bmatrix}$中含有一个二阶单位矩阵 $E_2=\begin{bmatrix} 1 & 0 \\ 0 & 1 \end{bmatrix}$，其对应的约束等式右端的系数都非负，则称此单位矩阵为线性规划的一个基，其列所对应的变量 x_3 和 x_4 称为对应于该基的基变量，而变量 x_1，x_2 则称为非基变量。若令 $x_1=x_2=0$，代入约束方程，则得到唯一解(0,0,6,1)，这个解称为对应于该基的基础可行解，此时该基称为可行基。

用单纯形法求解线性规划问题，是通过在初始的单纯形表中对基变量作换基迭代，从而寻找使目标函数达到最大值(即最优值)的基础可行解,即最优解。此时,所对应的可行基称为**最优基**,所对应的单纯形表称为**最优表**。

下面我们结合实例来介绍单纯形法的解题方法。

例 2.22 用单纯形法求解线性规划问题:

$$\max Z = x_1 + 2x_2,$$

$$\text{s. t.} \begin{cases} 3x_1 + 2x_2 \leqslant 6, \\ -x_1 + x_2 \leqslant 1, \\ x_1 \geqslant 0, x_2 \geqslant 0。\end{cases}$$

解 先化为标准形式

$$\max Z = x_1 + 2x_2 + 0x_3 + 0x_4,$$

$$\text{s. t.} \begin{cases} 3x_1 + 2x_2 + x_3 + 0x_4 = 6, \\ -x_1 + x_2 + 0x_3 + x_4 = 1, \\ x_j \geqslant 0 \quad (j = 1,2,3,4), \end{cases}$$

然后,作出初始单纯形表以及相继的迭代表,如表 2.2 所示。

表 2.2

	X_B	x_1	x_2	x_3	x_4	b	
初始表	x_3	3	2	1	0	6	①
	x_4	−1	[1]	0	1	1	②
	$-Z$	1	2	0	0	0	③
迭代表(一)	x_3	[5]	0	1	−2	4	④
	x_2	−1	1	0	1	1	⑤
	$-Z$	3	0	0	−2	−2	⑥
迭代表(二)	x_1	1	0	1/5	−2/5	4/5	⑦
	x_2	0	1	1/5	3/5	9/5	⑧
	$-Z$	0	0	−3/5	−4/5	−22/5	⑨

1. 初始单纯形表的填写方法

在初始单纯形表中,X_B 列中填入基变量(即系数矩阵所含的单位矩阵各列所对应的变量);b 列中填入约束等式右端的常数,中间几列分别填入两个约束等式中变量的系数,最后一行是**检验数行**,每一个变量都对应着一个**检验数**,其值为 $c_j - C_B P_j$ $(j=1,2,3,4)$,其中 c_j 是变

量 x_j 在目标函数中的系数，$\boldsymbol{P}_j$ 是变量 x_j 在约束等式中的系数构成的列向量，$\boldsymbol{C}_B$ 是基变量在目标函数中的系数构成的行向量。在此，$\boldsymbol{C}_B=(0,0)$。其实，在初始单纯形表中，各变量的检验数就是它们在目标函数中的系数。检验数所在行与 $\boldsymbol{b}$ 列的相交处填入 $-\boldsymbol{C}_B\boldsymbol{b}$ 值（$=-Z$），此值表示在当前基下目标函数值的负值。

2. 最优解的判别方法

如果在初始表或某一迭代表中，所有检验数非正，那么，这个表就为最优表，其所对应的基为最优基，表中 $\boldsymbol{b}$ 列的常数为最优解。此时，目标函数达到最优值 $\boldsymbol{C}_B\boldsymbol{b}$。当存在某一检验数大于零时，说明目标函数值还未达到最优值，这时，要对当前基变量进行迭代，即用非基变量取代某一基变量，构成一组新的基变量。

第一次迭代：因为在初始单纯形表中存在两个检验数 1 和 2 都大于零，而 $\max\{1,2\}=2$，所以，让 x_2 进基（当存在两个或两个以上的检验数同时大于零时，选择最大的检验数所对应的变量进基）。又因为 $\min\{6/2,1/1\}=1$，所以，让 x_4 出基（用新进基的变量在约束等式中的正系数各自去除右端的常数，选择商最小的正系数所对应的基变量出基，该正系数称为**主元**，用[ ]表示（此方法称为用“**最小比值法**”确定主元）。然后，把第一、第二、第三行的数作为一个矩阵进行初等行变换，最终使主元 1 所在的列变为 $[0,1,0]^{\mathrm{T}}$，即②×（−2）+①，得④；②×（−2）+③，得⑥。从而，得到迭代表（一）

第二次迭代：因为在迭代表（一）中只有检验数 3 大于零，所以让 x_1 进基，又因为 x_1 在约束等式中只有一个正系数 5，所以让 x_3 出基，以 5 为主元，作类似的初等行变换，使主元 5 所在的列除了主元变换为 1 外，其他的全变换为 0，即变换为 $(1,0,0)^{\mathrm{T}}$，即④×1/5，得⑦；⑦+⑤，得⑧；⑦×（−3）+⑥，得⑨。从而，得到迭代表（二）。

在迭代表（二）中，因为所有的检验数非正（即小于等于 0），所以，该线性规划问题的最优解为 $x_1=4/5$，$x_2=9/5$，最优值为 $\max Z=22/5$。

从上例可以看出，对单纯形表的迭代过程，实质上是对矩阵进行初等行变换的过程，即

$$\begin{pmatrix} 3 & 2 & 1 & 0 & 6 \\ -1 & [1] & 0 & 1 & 1 \\ 1 & 2 & 0 & 0 & 0 \end{pmatrix} \xrightarrow[(-2)r_2+r_3]{(-2)r_2+r_1} \begin{pmatrix} [5] & 0 & 1 & -2 & 4 \\ -1 & 1 & 0 & 1 & 1 \\ 3 & 0 & 0 & -2 & -2 \end{pmatrix}$$

$$\xrightarrow[(-3)r_1+r_3]{\frac{1}{5}r_1 \quad r_1+r_2} \begin{pmatrix} 1 & 0 & \frac{1}{5} & -\frac{2}{5} & \frac{4}{5} \\ 0 & 1 & \frac{1}{5} & \frac{3}{5} & \frac{9}{5} \\ 0 & 0 & -\frac{3}{5} & -\frac{4}{5} & -\frac{22}{5} \end{pmatrix}。$$

例 2.23 用单纯形法求解线性规划问题：

$$\min Z = -3x_1 + x_2 - x_3,$$

$$\text{s. t.} \begin{cases} 2x_1 + x_2 \leqslant 30, \\ x_2 + 2x_3 \leqslant 25, \\ x_1, x_2, x_3 \geqslant 0。 \end{cases}$$

解 引入松弛变量 x_4, x_5，把数学模型化为标准形式

$$\max(-Z) = 3x_1 - x_2 + x_3 + 0 \cdot x_4 + 0 \cdot x_5,$$

$$\text{s. t.} \begin{cases} 2x_1 + x_2 + 0 \cdot x_3 + x_4 + 0 \cdot x_5 = 30, \\ 0 \cdot x_2 + x_2 + 2x_3 + 0 \cdot x_4 + x_5 = 25, \\ x_j \geqslant 0 \quad (j = 1,2,3,4,5), \end{cases}$$

此时，$\min Z = -\max(-Z)$。

在单纯形表 2.3 中进行迭代。

表 2.3

X_B	x_1	x_2	x_3	x_4	x_5	b
x_4	[2]	1	0	1	0	30
x_5	0	1	2	0	1	25
Z	3	−1	1	0	0	0
x_1	1	1/2	0	1/2	0	15
x_5	0	1	[2]	0	1	25
Z	0	−5/2	1	−3/2	0	−45
x_1	1	1/2	0	1/2	0	15
x_3	0	1/2	1	0	1/2	25/2
Z	0	−3	0	−3/2	−1/2	−115/2

至此检验数全部非正，得最优解，最优解是 $x_1=15, x_2=0, x_3=25/2, x_4=0, x_5=0, \max(-Z)=115/2$，从而 $\min Z=-115/2$。

需要说明的是，在用单纯形法求解时，若在初始单纯形表或某一迭代单纯形表中，出现某个检验数大于零，而其所在的列的元素全部非正（即小于等于零），则此线性规划问题无最优解。

小　结

1. 矩阵的概念

由 $m\times n$ 个元素 $a_{ij}(i=1,2,\cdots,m;j=1,2,\cdots,n)$ 排成的 m 行 n 列的表

$$\begin{pmatrix} a_{11} & a_{12} & \cdots & a_{1n} \\ a_{21} & a_{22} & \cdots & a_{2n} \\ \vdots & & & \vdots \\ a_{m1} & a_{m2} & \cdots & a_{mn} \end{pmatrix}$$

称为一个 $m\times n$ **矩阵**，其中 $m\times n$ 个元素 $a_{ij}(i=1,2,\cdots,m;j=1,2,\cdots,n)$ 称为矩阵的第 i 行第 j 列元素。

矩阵和行列式不同，它是一张数表，所以行和列可以不同。行和列相等的矩阵称为**方阵**。

2. 矩阵的运算

(1) 矩阵的加(减)法。

只有行列数对应相等的两个矩阵才能相加减。

(2) 矩阵的数乘。

$$k\mathbf{A}=k\begin{pmatrix} a_{11} & a_{12} & \cdots & a_{1n} \\ a_{21} & a_{22} & \cdots & a_{2n} \\ \vdots & \vdots & & \vdots \\ a_{m1} & a_{m2} & \cdots & a_{mn} \end{pmatrix}=\begin{pmatrix} ka_{11} & ka_{12} & \cdots & ka_{1n} \\ ka_{21} & ka_{22} & \cdots & ka_{2n} \\ \vdots & \vdots & & \vdots \\ ka_{m1} & ka_{m2} & \cdots & ka_{mn} \end{pmatrix}。$$

(3) 矩阵的乘法。

矩阵 $\boldsymbol{A},\boldsymbol{B}$ 只有在 $\boldsymbol{A}$ 的列数与 $\boldsymbol{B}$ 的行数相等时才可以相乘，若不等它们的乘积无意义。矩阵乘法不满足交换律，也不满足消去律。

单位阵在矩阵乘法中的作用是类似于数 1 在数的乘法中的作用，即 $\boldsymbol{EA}=\boldsymbol{AE}=\boldsymbol{A}$。

(4) 矩阵的转置。

矩阵转置满足以下运算律：

① $(\boldsymbol{A}^{\mathrm{T}})^{\mathrm{T}}=\boldsymbol{A}$；

② $(\boldsymbol{A}+\boldsymbol{B})^{\mathrm{T}}=\boldsymbol{A}^{\mathrm{T}}+\boldsymbol{B}^{\mathrm{T}}$；

③ $(k\boldsymbol{A})^{\mathrm{T}}=k\boldsymbol{A}^{\mathrm{T}}$；

④ $(\boldsymbol{AB})^{\mathrm{T}}=\boldsymbol{B}^{\mathrm{T}}\boldsymbol{A}^{\mathrm{T}}$；

⑤ 方阵行列式：两个同阶方阵乘积的行列式等于该两方阵行列式的积，即若 $\boldsymbol{A},\boldsymbol{B}$ 都是 n 阶方阵，则 $|\boldsymbol{AB}|=|\boldsymbol{A}||\boldsymbol{B}|$。这是一个常用的定理，需熟记。

3. 逆矩阵

(1) 逆矩阵的概念。

$\boldsymbol{A}$ 为 n 阶方阵，如果存在一个 n 阶方阵 $\boldsymbol{B}$，使 $\boldsymbol{AB}=\boldsymbol{BA}=\boldsymbol{E}$，则称 $\boldsymbol{A}$ 是**可逆的**，并称 $\boldsymbol{B}$ 是 $\boldsymbol{A}$ 的**逆矩阵或逆阵**。

(2) 矩阵可逆的充要条件。

$\boldsymbol{A}$ 可逆当且仅当 $|\boldsymbol{A}|\neq 0$。

(3) 求逆阵的方法。

方法 1 用伴随矩阵求逆阵。

$$\boldsymbol{A}^{-1}=\frac{\boldsymbol{A}^*}{|\boldsymbol{A}|}。$$

对于二阶方阵 $\boldsymbol{A}=\begin{bmatrix} a & b \\ c & d \end{bmatrix}$，常用以上公式求逆阵。显见 $\boldsymbol{A}^*=\begin{bmatrix} d & -b \\ -c & a \end{bmatrix}$，即求二阶方阵 $\boldsymbol{A}$ 的伴随矩阵 $\boldsymbol{A}^*$，只需将 $\boldsymbol{A}$ 的主对角线上两元素位置互换，将 $\boldsymbol{A}$ 的副对角线上两元素改变符号（可简记为“**主换位，副变号**”）。于是当 $|\boldsymbol{A}|=ad-bc\neq 0$ 时，就有

$$\boldsymbol{A}^{-1}=\begin{bmatrix} a & b \\ c & d \end{bmatrix}^{-1}=\frac{1}{ad-bc}\begin{bmatrix} d & -b \\ -c & a \end{bmatrix}。$$

但阶数较高时，用伴随矩阵求逆阵的方法，要计算大量的行列式，计算

量往往很大，通常用方法2。

方法2　用初等行变换法求逆阵。

设$\boldsymbol{A}$是n阶可逆阵，做$n\times 2n$阶矩阵$(\boldsymbol{A}\vdots\boldsymbol{E})$，对这个矩阵做初等行变换（不能同时做初等列变换！），将$\boldsymbol{A}$变成单位阵，这时右边一块就变成了$\boldsymbol{A}^{-1}$。

(4) 求逆运算适合下列法则。

① $(\boldsymbol{A}^{-1})^{-1}=\boldsymbol{A}$；

② $(\boldsymbol{AB})^{-1}=\boldsymbol{B}^{-1}\boldsymbol{A}^{-1}$；

③ $(k\boldsymbol{A})^{-1}=\dfrac{1}{k}\boldsymbol{A}^{-1}\quad(k\neq 0)$；

④ $(\boldsymbol{A}^{\mathrm{T}})^{-1}=(\boldsymbol{A}^{-1})^{\mathrm{T}}$。

注意：一般来说$(\boldsymbol{AB})^{-1}\neq\boldsymbol{A}^{-1}\boldsymbol{B}^{-1}$。

(5) 证明$\boldsymbol{A}$可逆的方法。

① 求$|\boldsymbol{A}|$，计算它的值不等于0；

② 找$\boldsymbol{B}$，使$\boldsymbol{AB}=\boldsymbol{E}$。

4. 矩阵的初等变换和矩阵的秩

对矩阵的行进行如下三种变换，称为矩阵的初等行变换：

① 交换矩阵的两行$(r_i\leftrightarrow r_j)$；

② 矩阵某一行的元素都乘以同一个不等于0的常数$(k\times r_i(k\neq 0))$；

③ 将矩阵的某一行的元素同乘以一个数k并加到另一行的对应元素上去(kr_i+r_j)。

把定义中的"行"换成"列"，即得到矩阵的初等列变换的定义。

矩阵的初等行(列)变换统称为矩阵的**初等变换**。

任意矩阵经过若干次初等行变换都可化成**阶梯形矩阵**和**行最简阶梯形矩阵**。

矩阵$\boldsymbol{A}$经过有限次初等行变换化为阶梯形矩阵，则该阶梯形矩阵的非零行的个数r称为矩阵$\boldsymbol{A}$的秩，记为$\boldsymbol{R}(\boldsymbol{A})$，即$R(\boldsymbol{A})=r$。

5. 单纯形

单纯形法是解线性规划问题的一般方法。首先要将数学模型化为标准形式，找出初始基，作出初始单纯形表，然后在单纯形表中用初等行变换进行迭代，以使目标函数逐次优化。

习题 2

1. 设$\begin{bmatrix} x & y \\ 2 & x-y \end{bmatrix}=\begin{bmatrix} 3 & -1 \\ 2 & z \end{bmatrix}$,求 x,y,z。

2. 设$\boldsymbol{A}=\begin{bmatrix} 2 & -1 & 4 \\ 0 & 3 & -2 \end{bmatrix}$,$\boldsymbol{B}=\begin{bmatrix} 7 & 4 & 0 \\ -1 & 3 & 2 \end{bmatrix}$求 $2\boldsymbol{A}+3\boldsymbol{B}$;$2\boldsymbol{A}-3\boldsymbol{B}$;$\boldsymbol{A}^{\mathrm{T}}\boldsymbol{B}$。

3. 计算下列矩阵的乘积：

(1) $(1\quad 2\quad 3)\begin{pmatrix} 3 \\ 2 \\ 1 \end{pmatrix}$；　　(2) $\begin{pmatrix} 3 \\ 2 \\ 1 \end{pmatrix}(1\quad 2\quad 3)$；

(3) $\begin{pmatrix} 4 & 3 & 1 \\ 1 & -2 & 3 \\ 5 & 7 & 0 \end{pmatrix}\begin{pmatrix} 7 \\ 2 \\ 1 \end{pmatrix}$；　　(4) $\begin{bmatrix} \cos\theta & -\sin\theta \\ \sin\theta & \cos\theta \end{bmatrix}^2$；

(5) $\begin{bmatrix} 2 & -3 \\ 1 & 0 \end{bmatrix}\begin{bmatrix} 1 & 2 & 3 \\ -3 & 4 & 0 \end{bmatrix}$

(6) $\begin{bmatrix} 2 & 1 & 4 & 0 \\ 1 & -1 & 3 & 4 \end{bmatrix}\begin{pmatrix} 1 & 3 & 1 \\ 0 & -1 & 2 \\ 1 & -3 & 1 \\ 4 & 0 & -2 \end{pmatrix}$；

(7) $\begin{bmatrix} 1 & 5 & 2 \\ 3 & 0 & -1 \end{bmatrix}\begin{pmatrix} 2 & 3 & 1 \\ 0 & -2 & 2 \\ -1 & 1 & 3 \end{pmatrix}\begin{pmatrix} 0 \\ 2 \\ 3 \end{pmatrix}$

(6) $(x_1\quad x_2\quad x_3)\begin{pmatrix} a_{11} & a_{12} & a_{13} \\ a_{21} & a_{22} & a_{23} \\ a_{31} & a_{32} & a_{33} \end{pmatrix}\begin{pmatrix} x_1 \\ x_2 \\ x_3 \end{pmatrix}$。

4. 设 $\boldsymbol{A}=\begin{bmatrix} 1 & 0 \\ \lambda & 1 \end{bmatrix}$,求 $\boldsymbol{A}^2,\boldsymbol{A}^3,\cdots,\boldsymbol{A}^k$。

5. 设 $\boldsymbol{A},\boldsymbol{B}$ 为 n 阶矩阵，且 $\boldsymbol{A}$ 为对称矩阵，证明：$\boldsymbol{B}^{\mathrm{T}}\boldsymbol{A}\boldsymbol{B}$ 也是对称矩阵。

6. 求下列矩阵的逆阵：

(1) $\begin{bmatrix}1 & 2\\2 & 5\end{bmatrix}$；　　(2) $\begin{bmatrix}\cos\theta & -\sin\theta\\\sin\theta & \cos\theta\end{bmatrix}$；

(3) $\begin{pmatrix}1 & 2 & -1\\3 & 4 & -2\\5 & -4 & 1\end{pmatrix}$。

7. $\boldsymbol{A}=\begin{bmatrix}1 & 3 & -1\\2 & 5 & 0\\3 & 4 & -2\end{bmatrix}$，求$|2\boldsymbol{A}|$，$|3\boldsymbol{A}^{-1}|$，$|\boldsymbol{A}^*|$

8. 求下列矩阵方程：

(1) $\begin{bmatrix}1 & 3\\2 & 4\end{bmatrix}\boldsymbol{X}=\begin{bmatrix}1 & 0 & 1\\4 & 3 & 1\end{bmatrix}$；

(2) $\boldsymbol{X}\begin{pmatrix}2 & 1 & -1\\2 & 1 & 0\\1 & -1 & 1\end{pmatrix}=\begin{bmatrix}1 & -1 & 3\\4 & 3 & 2\end{bmatrix}$。

9. 利用逆阵解下列线性方程组：

(1) $\begin{cases}2x_1-3x_2=0,\\5x_1+3x_2=1;\end{cases}$　　(2) $\begin{cases}x_1+3x_2+x_3=5,\\x_1+x_2+5x_3=-7,\\2x_1+3x_2-3x_3=14。\end{cases}$

10. 设$\boldsymbol{A}$，$\boldsymbol{B}$为同阶方阵，且满足$\boldsymbol{AB}=\boldsymbol{BA}$，$\boldsymbol{A}^{-1}$存在，试证：$\boldsymbol{A}^{-1}\boldsymbol{B}=\boldsymbol{BA}^{-1}$。

11. 求下列矩阵的秩：

(1) $\begin{pmatrix}2 & -1 & 3 & -2 & 4\\4 & -2 & 5 & 1 & 7\\2 & -1 & 1 & 8 & 2\end{pmatrix}$；　　(2) $\begin{pmatrix}1 & 0 & 1\\1 & 1 & 0\\0 & 1 & 1\\0 & 0 & 1\\0 & 1 & 0\end{pmatrix}$。

12. 能否选取适当的λ，使矩阵

$$\boldsymbol{A}=\begin{pmatrix}1 & 2 & -1 & 3\\2 & 4 & -2 & 6\\3 & 6 & -3 & \lambda\end{pmatrix}$$

有：(1) $R(\boldsymbol{A})=1$；(2)$R(\boldsymbol{A})=2$；(3)$R(\boldsymbol{A})=3$。

13. 将下列矩阵化为行最简阶梯形矩阵：

(1) $\begin{pmatrix}1 & 0 & 2 & -1\\2 & 0 & 3 & 1\\3 & 0 & 4 & 3\end{pmatrix}$；　　(2) $\begin{pmatrix}2 & 3 & 1 & -3\\1 & 2 & 0 & -2\\3 & -2 & 8 & 3\\2 & -3 & 7 & 4\end{pmatrix}$。

14. 试利用矩阵的初等行变换，求下列方阵的逆矩阵：

(1) $\begin{pmatrix}3 & 2 & 1\\3 & 1 & 5\\3 & 2 & 3\end{pmatrix}$；　　(2) $\begin{pmatrix}3 & -2 & 0 & -1\\0 & 2 & 2 & 1\\1 & -2 & -3 & -2\\0 & 1 & 2 & 1\end{pmatrix}$。

15. 设 $\boldsymbol{A}=\begin{pmatrix}0 & 2 & 1\\2 & -1 & 3\\-3 & 3 & -4\end{pmatrix}$，$\boldsymbol{B}=\begin{bmatrix}1 & 2 & 3\\2 & -3 & 1\\3 & 1 & 0\end{bmatrix}$，求 $\boldsymbol{X}$：(1)使 $\boldsymbol{XA}=\boldsymbol{B}$；(2)$\boldsymbol{A}x=\boldsymbol{B}$。

16. 某学院抽 500 名学生参加队列操，规定男生不得超过 400 名，女生不得少于 200 名。已知服装费为：男生每人 100 元，女生每人 150 元，问男女生人数各为多少时服装费的支出最少？写出问题的数学模型。

17. 将下列线性规划问题化为标准形式：

(1) $\max Z=2x_1+x_2-4x_3$，

$$\text{s. t.}\begin{cases}x_1+2x_2+x_3\geqslant 10,\\3x_1-x_2-x_3\leqslant 20,\\x_1\geqslant 0,x_2\geqslant 0;x_3\geqslant 0。\end{cases}$$

(2) $\min Z=-5x_1+2x_2+x_3$

$$\text{s. t.}\begin{cases}x_1-2x_2\geqslant -2,\\x_1+x_2\leqslant 1,\\x_3\leqslant 1,\\x_1\geqslant 0,x_2\geqslant 0,x_3\geqslant 0。\end{cases}$$

18. 用单纯形法求解下列线性规划问题：

(1) $\max Z = x_1 + 3x_2$,
$$\text{s.t.}\begin{cases}2x_1 + x_2 \leqslant 4,\\ x_1 - x_2 \leqslant 2,\\ x_1 \geqslant 0, x_2 \geqslant 0;\end{cases}$$

(2) $\min Z = -x_1 + 2x_2$,
$$\text{s.t.}\begin{cases}x_1 - x_2 \geqslant -2,\\ x_1 + 2x_2 \leqslant 6,\\ x_1 \geqslant 0, x_2 \geqslant 0。\end{cases}$$

自测题 2

一、填充题

1. 设 $\boldsymbol{A}=\begin{pmatrix}1 & 2 & 7\\ 0 & -2 & 9\\ 0 & 0 & -2\end{pmatrix}$，$\boldsymbol{B}=\begin{pmatrix}3 & 0 & 0\\ 1 & 2 & 0\\ 0 & 0 & 3\end{pmatrix}$，则 $|\boldsymbol{AB}|=$__________。

2. 设矩阵 $\boldsymbol{X}$ 满足方程 $2\begin{bmatrix}3 & -1 & 0\\ -1 & 1 & 2\end{bmatrix}-3\boldsymbol{X}+\begin{bmatrix}3 & -1 & 6\\ 5 & 1 & -1\end{bmatrix}=\boldsymbol{O}$，求矩阵 $\boldsymbol{X}=$__________。

3. 已知三阶方阵 $\boldsymbol{A}$ 的行列式 $|\boldsymbol{A}|=\frac{1}{2}$，则 $|-2\boldsymbol{A}|=$__________。

4. 设 $\boldsymbol{A}=\begin{pmatrix}0 & 1 & 0\\ 3 & 3 & 4\\ 4 & 5 & 6\end{pmatrix}$，则 $|-\boldsymbol{A}^*|=$__________。

5. 三阶方阵 $\boldsymbol{A}$ 的行列式 $|\boldsymbol{A}|=4$，$|\boldsymbol{A}^2+\boldsymbol{E}|=8$，则 $|\boldsymbol{A}+\boldsymbol{A}^{-1}|=$__________。

6. 线性规划问题的数学模型的标准形式的特点为__________。

7. 若线性规划问题为

$$\max Z = 2x_1 + x_2,$$
$$\text{s.t.}\begin{cases}-2x_1 + x_2 + x_3 = 1,\\ x_1 + x_2 + x_4 = 2,\\ x_j \geqslant 0 \quad (j = 1,2,3,4),\end{cases}$$

则可将______作为第一个可行基进行迭代，其中______是基变量，______是非基变量。

二、单项选择题

1. $\boldsymbol{A}$ 是 $m\times k$ 阶矩阵，$\boldsymbol{B}$ 是 $k\times t$ 阶矩阵，若 $\boldsymbol{B}$ 的第 j 列元素全为零，则下列结论正确的是(　)。

A. $\boldsymbol{AB}$ 的第 j 行元素全为零　　B. $\boldsymbol{AB}$ 的第 j 列元素全为零

C. $\boldsymbol{BA}$ 的第 j 行元素全为零　　D. $\boldsymbol{BA}$ 的第 j 列元素全为零

2. 下列矩阵有逆阵的是(　)。

A. $\begin{bmatrix}1&1\\1&1\end{bmatrix}$　　B. $\begin{bmatrix}1&2\\3&4\end{bmatrix}$

C. $\begin{bmatrix}2&-1\\-1&\frac{1}{2}\end{bmatrix}$　　D. $\begin{bmatrix}1&2\\3&6\end{bmatrix}$

3. 设矩阵 $\boldsymbol{A}=\begin{pmatrix}\frac{1}{2}&0\\0&\frac{1}{4}\end{pmatrix}$，$\boldsymbol{B}=\begin{bmatrix}3&4\\5&6\end{bmatrix}$，则 $(\boldsymbol{AB})^{-1}=$(　)。

A. $\begin{bmatrix}-6&-8\\-5&-6\end{bmatrix}$　　B. $\begin{bmatrix}6&8\\5&6\end{bmatrix}$

C. $\begin{bmatrix}-6&8\\5&-6\end{bmatrix}$　　D. $\begin{bmatrix}-8&6\\6&-5\end{bmatrix}$

4. 设 $\boldsymbol{A}$ 是 m 阶方阵，$\boldsymbol{B},\boldsymbol{C}$ 都是 $m\times n$ 阶矩阵，且 $\boldsymbol{AB}=\boldsymbol{AC}$，则(　)。

A. 必有 $\boldsymbol{B}=\boldsymbol{C}$　　B. 必有 $\boldsymbol{B}\neq\boldsymbol{C}$

C. 当 $|\boldsymbol{A}|=0$ 时必有 $\boldsymbol{B}=\boldsymbol{C}$　　D. 当 $\boldsymbol{B}\neq\boldsymbol{C}$ 时，必有 $|\boldsymbol{A}|=0$

5. 设方阵 $\boldsymbol{A}$ 可逆，并且 $(2\boldsymbol{A})^{-1}=\begin{bmatrix}-3&7\\1&-2\end{bmatrix}$ 则 $\boldsymbol{A}=$(　)。

A. $\begin{bmatrix}2&7\\1&3\end{bmatrix}$　　B. $\begin{bmatrix}-2&7\\1&-3\end{bmatrix}$

C. $\frac{1}{2}\begin{bmatrix}2&7\\1&3\end{bmatrix}$　　D. $\frac{1}{2}\begin{bmatrix}2&-7\\-1&3\end{bmatrix}$

6. 若矩阵 $\boldsymbol{A}$ 的行列式等于零，则下列结论正确的是(　)。

A. $\boldsymbol{A}^2$ 的行列式不为零

B. $\boldsymbol{A}$ 有逆矩阵

C. $\boldsymbol{A}$ 是零矩阵

D. 对任意与 $\boldsymbol{A}$ 同阶的矩阵 $\boldsymbol{B}$，有 $|\boldsymbol{AB}|=0$

7. 设 $\boldsymbol{A}$ 经过有限次初等变换后得到矩阵 $\boldsymbol{B}$，则下列命题正确的是(　)。

A. $\boldsymbol{A}$ 与 $\boldsymbol{B}$ 如果都是 n 阶矩阵，则 $|\boldsymbol{A}|=|\boldsymbol{B}|$

B. $\boldsymbol{A}$ 与 $\boldsymbol{B}$ 如果都是 n 阶矩阵，则 $|\boldsymbol{A}|$ 与 $|\boldsymbol{B}|$ 或同时为零或同时不为零

C. $|\boldsymbol{A}|=0$，但 $|\boldsymbol{B}|$ 可能不为零

D. $\boldsymbol{A}=\boldsymbol{B}$

8. $\boldsymbol{A}=\begin{bmatrix}1 & 1\\0 & 1\end{bmatrix}$，则 $\boldsymbol{A}^n=$(　)。

A. $\begin{bmatrix}1 & 1\\0 & 1\end{bmatrix}$　　B. $\begin{bmatrix}1 & 0\\0 & 1\end{bmatrix}$

C. $\begin{bmatrix}1 & 2\\0 & 1\end{bmatrix}$　　D. $\begin{bmatrix}1 & n\\0 & 1\end{bmatrix}$

9. $a=$(　)时，矩阵 $\begin{pmatrix}a & 1 & 1\\1 & 0 & 2\\0 & -1 & 1\end{pmatrix}$ 不可逆。

A. 0　　B. 1

C. 2　　D. -1

10. 下列矩阵可经过初等行变换化为 $\boldsymbol{E}_3$ 的是(　)。

A. $\begin{pmatrix}1 & 2 & -1\\-1 & -2 & 1\\3 & 2 & 0\end{pmatrix}$　　B. $\begin{pmatrix}1 & 0 & -1\\2 & -1 & 0\\0 & -1 & 2\end{pmatrix}$

C. $\begin{pmatrix}1 & 0 & -1\\0 & 1 & 2\\1 & 0 & 3\end{pmatrix}$　　D. $\begin{pmatrix}2 & 2 & 2\\2 & 2 & 2\\2 & 2 & 2\end{pmatrix}$

三、计算题(每题 8 分,共 40 分)

1. 设矩阵 $\boldsymbol{A}=\begin{pmatrix}-2 & 2 & 1\\ -1 & -2 & -2\\ 2 & 1 & 2\end{pmatrix}$,求 $\boldsymbol{AA}^{\mathrm{T}}$ 及 $\boldsymbol{A}^{-1}$。

2. 若 $\boldsymbol{XA}-\boldsymbol{E}=\boldsymbol{X}-\boldsymbol{A}^2$,其中 $\boldsymbol{A}=\begin{pmatrix}1 & 2 & -1\\ -1 & -1 & 0\\ 2 & 3 & 2\end{pmatrix}$,求 $\boldsymbol{X}$。

3. 用初等行变换将下列矩阵化为行最简阶梯形矩阵,并求其秩:

$$\begin{pmatrix}2 & 0 & 1 & 4\\ 1 & 2 & 0 & -1\\ 6 & 4 & 2 & 6\end{pmatrix}。$$

4. 设矩阵 $\boldsymbol{A}=\begin{pmatrix}1 & 0 & 0\\ -1 & 3 & 2\\ 5 & 4 & 2\end{pmatrix}$,求方阵 $\boldsymbol{B}=(4\boldsymbol{E}-\boldsymbol{A})^{\mathrm{T}}(\boldsymbol{A}^2-2\boldsymbol{A})^{-1}$ 的行列式。

5. 已知方阵 $\boldsymbol{A}$ 满足 $\boldsymbol{AP}=\boldsymbol{PB}$,其中 $\boldsymbol{B}=\begin{pmatrix}1 & 0 & 0\\ 0 & 0 & 0\\ 0 & 0 & -1\end{pmatrix}$,$\boldsymbol{P}=\begin{pmatrix}1 & 0 & 0\\ 0 & -1 & 0\\ 0 & 1 & 1\end{pmatrix}$,求 $\boldsymbol{A}$ 及 $\boldsymbol{A}^3$。

6. 用单纯形法求解下列线性规划问题:

(1)
$$\max Z=x_1+x_z,$$
$$\text{s. t.}\quad\begin{cases}-2x_1+x_2+x_3=4,\\ x_1-x_2+x_4=2,\\ x_j\geqslant 0\quad (j=1,2,3,4);\end{cases}$$

(2)
$$\max Z=-x_1+2x_2+x_3,$$
$$\text{s. t.}\quad\begin{cases}-2x_1+x_2+x_3\leqslant 4,\\ x_1+2x_2\leqslant 6,\\ x_j\geqslant 0\quad (j=1,2,3)。\end{cases}$$

四、证明题

1. 设 $\boldsymbol{A}$ 是实对称阵,若 $\boldsymbol{A}^2=\boldsymbol{O}$,求证:$\boldsymbol{A}=\boldsymbol{O}$。(5 分)

2. 设方阵 $\boldsymbol{A}$ 满足 $\boldsymbol{A}^2+\boldsymbol{A}-2\boldsymbol{E}=\boldsymbol{O}$,证明:

(1) $\boldsymbol{A}$ 及 $\boldsymbol{A}-2\boldsymbol{E}$ 都可逆;

(2) 当 $\boldsymbol{A}\neq\boldsymbol{E}$ 时,$\boldsymbol{A}+2\boldsymbol{E}$ 必不可逆。(10 分)

第3章　线性方程组

内容提要:本章主要介绍如何用矩阵的秩判断线性方程组是否有解;若有解,解是否唯一;若解不唯一,怎样求出全部的解.

前面已介绍了用克莱姆法则解线性方程组

$$\begin{cases} a_{11}x_1+a_{12}x_2+\cdots+a_{1n}x_n=b_1, \\ a_{21}x_1+a_{22}x_2+\cdots+a_{2n}x_n=b_2, \\ \quad\vdots \qquad\quad \vdots \qquad\qquad\quad \vdots \qquad\quad \vdots \\ a_{n1}x_1+a_{n2}x_2+\cdots+a_{nn}x_n=b_n。\end{cases} \tag{3-1}$$

要求线性方程组的未知量个数和方程个数相同,且系数行列式$D\neq0$。本章要对线性方程组的一般情形——n个未知量,m个方程的线性方程组,介绍它们的解法——高斯消元法,并主要解决以下三个问题:

(1) 如何判定线性方程组是否有解?

(2) 在有解的情况下,解是否唯一?

(3) 在解不唯一时,解的结构如何?

设有n个未知量$x_1,x_2,\cdots,x_n$,m个方程构成的线性方程组

$$\begin{cases} a_{11}x_1+a_{12}x_2+\cdots+a_{1n}x_n=b_1, \\ a_{21}x_1+a_{22}x_2+\cdots+a_{2n}x_n=b_2, \\ \quad\vdots \qquad\quad \vdots \qquad\qquad\quad \vdots \qquad\quad \vdots \\ a_{m1}x_1+a_{m2}x_2+\cdots+a_{mn}x_n=b_m, \end{cases} \tag{3-2}$$

它可以用矩阵形式写成$\boldsymbol{AX}=\boldsymbol{B}$,其中

$$\boldsymbol{A}=\begin{pmatrix} a_{11} & a_{12} & \cdots & a_{1n} \\ a_{21} & a_{22} & \cdots & a_{2n} \\ \vdots & \vdots & & \vdots \\ a_{m1} & a_{m2} & \cdots & a_{mn} \end{pmatrix},\boldsymbol{B}=\begin{pmatrix} b_1 \\ b_2 \\ \vdots \\ b_m \end{pmatrix},\boldsymbol{X}=\begin{pmatrix} x_1 \\ x_2 \\ \vdots \\ x_n \end{pmatrix}。$$

$\boldsymbol{A}$称为式(3-2)的系数矩阵,$\boldsymbol{B}$称为式(3-2)的常数项矩阵,$\boldsymbol{X}$为n

=0,即常数项 $b_1=b_2=\cdots=b_m=0$,式(3-2)称为齐次线性方

当 $\boldsymbol{B}\neq 0$ 时,式(3-2)称为非齐次线性方程组。

我们把式(3-2)的系数矩阵 $\boldsymbol{A}$ 与常系数项矩阵 $\boldsymbol{B}$ 放在一起构成的矩阵

$$\overline{\boldsymbol{A}}=(\boldsymbol{A}\mid\boldsymbol{B})=\begin{pmatrix} a_{11} & a_{12} & \cdots & a_{1n} & b_1 \\ a_{21} & a_{22} & \cdots & a_{2n} & b_2 \\ \vdots & \vdots & & \vdots & \vdots \\ a_{m1} & a_{m2} & \cdots & a_{mn} & b_m \end{pmatrix}$$

称为式(3-2)的增广矩阵。

3.1 消元法

在中学代数中,已经学过用消元法解简单的线性方程组。例如,求线性方程组

$$\begin{cases} 2x_1+3x_2=4, \\ x_1-2x_2=-5。\end{cases} \tag{3-3}$$

解 第一步 将线性方程组中两个方程的次序对换,得

$$\begin{cases} x_1-2x_2=-5, \\ 2x_1+3x_2=4。\end{cases} \tag{3-4}$$

第二步 第二方程减去第一方程的 2 倍,方程组就变成

$$\begin{cases} x_1-2x_2=-5, \\ 7x_2=14。\end{cases} \tag{3-5}$$

第三步 用$\frac{1}{7}$乘第二方程的两端,得

$$\begin{cases} x_1-2x_2=-5, \\ x_2=2。\end{cases} \tag{3-6}$$

第四步 第一个方程加上第二个方程的 2 倍,得

$$\begin{cases} x_1=-1, \\ x_2=2。\end{cases} \tag{3-7}$$

显然，方程组(3-3)至(3-7)都是同解方程组，因而(3-7)是方程组(3-3)的解。

上述解线性方程组的方法，称为消元法。从上例可见，消元法实际上是对线性方程组进行如下变换：

① 互换两个方程的位置(互换变换)；

② 用一个非零的数乘某个方程的两端(倍乘变换)；

③ 用一个数乘某个方程后加到另一个方程上(倍加变换)。

由于线性方程组与其增广矩阵一一对应，所以对线性方程组进行上述变换，相当于对其增广矩阵施行相应的初等行变换：

$$\begin{bmatrix}2 & 3 & 4\\1 & -2 & -5\end{bmatrix}\xrightarrow{r_1\leftrightarrow r_2}\begin{bmatrix}1 & -2 & -5\\2 & 3 & 4\end{bmatrix}\xrightarrow{-2r_1+r_2}\begin{bmatrix}1 & -2 & -5\\0 & 7 & 14\end{bmatrix}$$

$$\xrightarrow{\frac{1}{7}r_2}\begin{bmatrix}1 & -2 & -5\\0 & 1 & 2\end{bmatrix}\xrightarrow{2r_2+r_1}\begin{bmatrix}1 & 0 & -1\\0 & 1 & 2\end{bmatrix}。$$

因此，可采用矩阵的初等行变换，将线性方程组的增广矩阵 $\bar{\mathbf{A}}$ 化为行最简阶梯形矩阵(若将非零行的第一个非零元素称为主元的话，那么这种行最简阶梯形矩阵即主元为 1，主元所在列的其余元素均为 0 的矩阵)。从而线性方程组的解就可由行最简阶梯形矩阵对应的线性方程组而得到。

例 3.1 (利润问题)某商店经营 A，B，C，D 四类商品，四个月的销售额及利润如下表所示，求每类商品的利润率。销售额单位：(千元)

销售额 / 月次	A	B	C	D	利润(千元)
1	250	200	300	600	80
2	200	100	500	800	85
3	160	300	400	750	90
4	300	250	500	500	95

解 设 A，B，C，D 四类商品的利润率分别为 x_1, x_2, x_3, x_4，根据题意，列出如下方程组：

$$\begin{cases}250x_1+200x_2+300x_3+600x_4=80,\\200x_1+100x_2+500x_3+800x_4=85,\\160x_1+300x_2+400x_3+750x_4=90,\\300x_1+250x_2+500x_3+500x_4=95,\end{cases}$$

化简,得

$$\begin{cases}25x_1+20x_2+30x_3+60x_4=8,\\40x_1+20x_2+100x_3+160x_4=17,\\16x_1+30x_2+40x_3+75x_4=9,\\60x_1+50x_2+100x_3+100x_4=19。\end{cases}$$

$$\overline{\boldsymbol{A}}=\begin{pmatrix}25&20&30&60&8\\40&20&100&160&17\\16&30&40&75&9\\60&50&100&100&19\end{pmatrix}\xrightarrow{\text{初等行变换}}\begin{pmatrix}1&0&0&0&\frac{1}{10}\\0&1&0&0&\frac{2}{25}\\0&0&1&0&\frac{1}{20}\\0&0&0&1&\frac{1}{25}\end{pmatrix},$$

解得

$$\begin{cases}x_1=\frac{1}{10}=10\%,\\x_2=\frac{2}{25}=8\%,\\x_3=\frac{1}{20}=5\%,\\x_4=\frac{1}{25}=4\%,\end{cases}$$

A,B,C,D 四类商品的利润率分别为 10%, 8%, 5%, 4%。

例 3.2　解线性方程组

$$\begin{cases}x_1+5x_2-x_3-x_4=-1,\\x_1-2x_2+x_3+3x_4=3,\\3x_1+8x_2-x_3+x_4=1,\\x_1-9x_2+3x_3+7x_4=7。\end{cases}$$

解 对增广矩阵 $\overline{\mathbf{A}}$ 施行初等行变换

$$\overline{\mathbf{A}}=\begin{pmatrix}1&5&-1&-1&-1\\1&-2&1&3&3\\3&8&-1&1&1\\1&-9&3&7&7\end{pmatrix}$$

$$\xrightarrow[-r_1+r_4]{\substack{-r_1+r_2\\-3r_1+r_3}}\begin{pmatrix}1&5&-1&-1&-1\\0&-7&2&4&4\\0&-7&2&4&4\\0&-14&4&8&8\end{pmatrix}$$

$$\xrightarrow[-2r_2+r_4]{-r_2+r_3}\begin{pmatrix}1&5&-1&-1&-1\\0&-7&2&4&4\\0&0&0&0&0\\0&0&0&0&0\end{pmatrix}$$

$$\xrightarrow{-\frac{1}{7}r_2}\begin{pmatrix}1&5&-1&-1&-1\\0&1&-\frac{2}{7}&-\frac{4}{7}&-\frac{4}{7}\\0&0&0&0&0\\0&0&0&0&0\end{pmatrix}$$

$$\xrightarrow{-5r_2+r_1}\begin{pmatrix}1&0&\frac{3}{7}&\frac{13}{7}&\frac{13}{7}\\0&1&-\frac{2}{7}&-\frac{4}{7}&-\frac{4}{7}\\0&0&0&0&0\\0&0&0&0&0\end{pmatrix},$$

得原线性方程组的同解线性方程组

$$\begin{cases}x_1\quad+\dfrac{3}{7}x_3+\dfrac{13}{7}x_4=\dfrac{13}{7},\\ x_2-\dfrac{2}{7}x_3-\dfrac{4}{7}x_4=-\dfrac{4}{7},\end{cases}$$

将未知量 x_3，x_4 的项移至等式的右边，得

$$\begin{cases} x_1 = \dfrac{13}{7} - \dfrac{3}{7}x_3 - \dfrac{13}{7}x_4, \\ x_2 = -\dfrac{4}{7} + \dfrac{2}{7}x_3 + \dfrac{4}{7}x_4。\end{cases}$$

显然，原方程组有无穷多解。因为 x_3, x_4 可取不同的值，方程组就会有不同的解，称 x_3, x_4 为自由未知量。故

$$\begin{cases} x_1 = \dfrac{13}{7} - \dfrac{3}{7}x_3 - \dfrac{13}{7}x_4, \\ x_2 = -\dfrac{4}{7} + \dfrac{2}{7}x_3 + \dfrac{4}{7}x_4, \\ x_3 = x_3, \\ x_4 = x_4。\end{cases}$$

例 3.3　解线性方程组

$$\begin{cases} x_1 + 3x_2 + 5x_3 + 2x_4 = 2, \\ 3x_1 + 5x_2 + 6x_3 + 4x_4 = 4, \\ x_1 + 7x_2 + 14x_3 + 4x_4 = 4, \\ 3x_1 + x_2 - 3x_3 + 2x_4 = 5。\end{cases}$$

解　对增广矩阵 $\bar{\boldsymbol{A}}$ 施行初等行变换：

$$\bar{\boldsymbol{A}} = \begin{pmatrix} 1 & 3 & 5 & 2 & 2 \\ 3 & 5 & 6 & 4 & 4 \\ 1 & 7 & 14 & 4 & 4 \\ 3 & 1 & -3 & 2 & 5 \end{pmatrix}$$

$$\xrightarrow[\substack{-r_1 + r_3 \\ -3r_1 + r_4}]{-3r_1 + r_2} \begin{pmatrix} 1 & 3 & 5 & 2 & 2 \\ 0 & -4 & -9 & -2 & -2 \\ 0 & 4 & 9 & 2 & 2 \\ 0 & -8 & -18 & -4 & -1 \end{pmatrix}$$

$$\xrightarrow[-2r_2 + r_4]{r_2 + r_3} \begin{pmatrix} 1 & 3 & 5 & 2 & 2 \\ 0 & -4 & -9 & -2 & -2 \\ 0 & 0 & 0 & 0 & 0 \\ 0 & 0 & 0 & 0 & 3 \end{pmatrix}$$

$$\xrightarrow{r_3 \leftrightarrow r_4} \begin{pmatrix} 1 & 3 & 5 & 2 & 2 \\ 0 & -4 & -9 & -2 & -2 \\ 0 & 0 & 0 & 0 & 3 \\ 0 & 0 & 0 & 0 & 0 \end{pmatrix},$$

由最后一个矩阵可知，与原线性方程组的同解线性方程组中出现了不成立的等式"$0=3$"方程，所以原方程组无解。

3.2 线性方程组解的判定

由上节的三个例子可知，线性方程组(3-2)是否有解(相容)的关键就在于用初等行变换把增广矩阵 $\overline{\mathbf{A}}$ 化为阶梯形矩阵后，是否会出现"$0=d$"?其中 d 是非零常数，也就是增广矩阵 $\overline{\mathbf{A}}$ 化为阶梯形矩阵后的非零行数与系数矩阵 $\mathbf{A}$ 化为阶梯形矩阵后的非零行数是否一样？即等式 $R(\overline{\mathbf{A}})=R(\mathbf{A})$是否成立？

定理 3.1(线性方程组相容性定理)　线性方程组(3-2)有解(相容)的充要条件是 $R(\overline{\mathbf{A}})=R(\mathbf{A})$。

定理 3.2　设对于线性方程组(3-2)有 $R(\overline{\mathbf{A}})=R(\mathbf{A})=r$，则当 $r=n$ 时，线性方程组(3-2)有唯一解；当 $r<n$ 时，线性方程组(3-2)有无穷多解。

例 3.4　判定下列方程组的相容性和相容时解的个数：

(1) $\begin{cases} x_1+x_2-2x_3=2, \\ 2x_1-3x_2+5x_3=1, \\ 4x_1-x_2-x_3=5, \\ 5x_1-x_3=2; \end{cases}$　(2) $\begin{cases} x_1+x_2-2x_3=2, \\ 2x_1-3x_2+5x_3=1, \\ 4x_1-x_2+x_3=5, \\ 5x_1-x_3=7; \end{cases}$

(3) $\begin{cases} x_1+x_2-2x_3=2, \\ 2x_1-3x_2+5x_3=1, \\ 4x_1-x_2-x_3=5, \\ 5x_1-3x_3=7。 \end{cases}$

解　将上述三个方程组的增广矩阵分别施以初等行变换可以化为如下三个阶梯形矩阵：

$$(1)\to\begin{pmatrix}1&1&-2&2\\0&-5&9&-3\\0&0&-2&0\\0&0&0&-5\end{pmatrix},(2)\to\begin{pmatrix}1&1&-2&2\\0&-5&9&-3\\0&0&0&0\\0&0&0&0\end{pmatrix},$$

$$(3)\to\begin{pmatrix}1&1&-2&2\\0&-5&9&-3\\0&0&2&0\\0&0&0&0\end{pmatrix},$$

由此可知,对于

① $R(\bar{\mathbf{A}})=4,R(\mathbf{A})=3,R(\bar{\mathbf{A}})\neq R(\mathbf{A})$,所以方程组无解;

② $R(\bar{\mathbf{A}})=R(\mathbf{A})=2<3$,所以方程组有无穷多解;

③ $R(\bar{\mathbf{A}})=R(\mathbf{A})=3$,所以方程组有唯一解。

例 3.5　a,b 为何值时,线性方程组

$$\begin{cases}x_1+x_2+x_3+x_4=1,\\3x_1+2x_2+x_3+x_4=3,\\x_2+3x_3+2x_4=0,\\5x_1+4x_2+3x_3+bx_4=a\end{cases}$$

① 有唯一解;

② 无解;

③ 有无穷多解,并求其解?

解　对线性方程组的增广矩阵 $\bar{\mathbf{A}}$ 施行初等行变换,得

$$\bar{\mathbf{A}}=\begin{pmatrix}1&1&1&1&1\\3&2&1&1&3\\0&1&3&2&0\\5&4&3&b&a\end{pmatrix}$$

$$\xrightarrow[-5r_1+r_4]{-3r_1+r_2}\begin{pmatrix}1&1&1&1&1\\0&-1&-2&-2&0\\0&1&3&2&0\\0&-1&-2&b-5&a-5\end{pmatrix}$$

$$\xrightarrow[-r_2+r_4]{r_2+r_3}\begin{pmatrix}1&1&1&1&1\\0&-1&-2&-2&0\\0&0&1&0&0\\0&0&0&b-3&a-5\end{pmatrix}。$$

① 当 $b-3\neq0$ 时，即 $b\neq3$ 时，有 $R(\bar{\mathbf{A}})=R(\mathbf{A})=4$，故方程组有唯一解；

② 当 $b-3=0$ 而 $a-5\neq0$ 时，即 $b=3$ 且 $a\neq5$ 时，有 $R(\bar{\mathbf{A}})=4$，$R(\mathbf{A})=3$，故线性方程组无解；

③ 当 $b-3=a-5=0$ 时，即 $b=3$ 且 $a=5$ 时，有 $R(\bar{\mathbf{A}})=R(\mathbf{A})=3<4$，故线性方程组有无穷多解。

此时

$$\bar{\mathbf{A}}\rightarrow\begin{pmatrix}1&1&1&1&1\\0&-1&-2&-2&0\\0&0&1&0&0\\0&0&0&0&0\end{pmatrix}$$

$$\xrightarrow[-r_3+r_1]{2r_3+r_2}\begin{pmatrix}1&1&0&1&1\\0&-1&0&-2&0\\0&0&1&0&0\\0&0&0&0&0\end{pmatrix}\xrightarrow[(-1)\cdot r_2]{r_2+r_1}\begin{pmatrix}1&0&0&-1&1\\0&1&0&2&0\\0&0&1&0&0\\0&0&0&0&0\end{pmatrix},$$

得解

$$\begin{cases}x_1=1+x_4,\\x_2=-2x_4,\\x_3=0,\\x_4=x_4。\end{cases}$$

推论 对于齐次线性方程组

$$\begin{cases}a_{11}x_1+a_{12}x_2+\cdots+a_{1n}x_n=0,\\a_{21}x_1+a_{22}x_2+\cdots+a_{2n}x_n=0,\\\quad\vdots\qquad\quad\vdots\qquad\qquad\quad\vdots\quad\ \ \vdots\\a_{m1}x_1+a_{m2}x_2+\cdots+a_{mn}x_n=0\end{cases}\tag{3-8}$$

有非零解的充要条件为 $R(\mathbf{A})<n$，即系数矩阵的秩小于未知量的个数。

例 3.6 解线性方程组

$$\begin{cases}x_1-x_2-x_3+x_4=0,\\x_1-x_2+x_3-3x_4=0,\\x_1-x_2-2x_3+3x_4=0。\end{cases}$$

解　系数矩阵

$$\boldsymbol{A}=\begin{pmatrix}1&-1&-1&1\\1&-1&1&-3\\1&-1&-2&3\end{pmatrix}\xrightarrow[-r_1+r_3]{-r_1+r_2}\begin{pmatrix}1&-1&-1&1\\0&0&2&-4\\0&0&-1&2\end{pmatrix}$$

$$\xrightarrow[-r_3+r_1]{2r_3+r_2}\begin{pmatrix}1&-1&0&-1\\0&0&0&0\\0&0&-1&2\end{pmatrix}\xrightarrow[r_2\leftrightarrow r_3]{-r_3}\begin{pmatrix}1&-1&0&-1\\0&0&1&-2\\0&0&0&0\end{pmatrix},$$

得 $R(\boldsymbol{A})=2<4$，所以方程组有（无穷多解）非零解，并且原方程组的同解方程组为

$$\begin{cases}x_1-x_2\quad-x_4=0,\\x_3-2x_4=0,\end{cases}$$

方程组的解为

$$\begin{cases}x_1=x_2+x_4,\\x_2=x_2,\\x_3=\quad 2x_4,\\x_4=\quad x_4,\end{cases}$$

其中 x_2,x_4 为自由未知量。

3.3 向量与向量组

为了进一步研究线性方程组，本节引入 n 维向量的概念，并讨论向量组的线性相关性及向量组的秩。

3.3.1　n 维向量

1. n 维向量的概念

向量是空间解几的一个基本概念，现在我们将向量的概念进行拓展。

定义 3.1 由 n 个数 $a_1,a_2,\cdots,a_n$ 组成的有序数组 $(a_1,a_2,\cdots,a_n)$ 称为 n **维向量**，一般用 $\boldsymbol{\alpha},\boldsymbol{\beta},\boldsymbol{\gamma},\cdots$ 表示，记作 $\boldsymbol{\alpha}=(a_1,a_2,\cdots,a_n)$。向量也可以用列表示：$\boldsymbol{\beta}=\begin{pmatrix} b_1 \\ b_2 \\ \vdots \\ b_n \end{pmatrix}$。写成一行(列)称为**行(列)向量**，行向量与列向量只是写法上的不同，没有本质区别。

其中 a_i 称为向量 $\boldsymbol{\alpha}$ 的第 i 个分量 $(i=1,2,\cdots,n)$ 或第 i 个坐标，分量全为零的向量称为**零向量**，记作 $\mathbf{0}$，即 $\mathbf{0}=(0,0,\cdots,0)$。

2. 向量的运算

将向量看成矩阵，因此向量的相等、相加减、数与向量相乘都可以看成相应的矩阵运算。

两个 n 维向量 $\boldsymbol{\alpha}=(a_1,a_2,\cdots,a_n)$ 与 $\boldsymbol{\beta}=(b_1,b_2,\cdots,b_n)$，当且仅当 $a_i=b_i(i=1,2,\cdots,n)$ 时称为相等，记作 $\boldsymbol{\alpha}=\boldsymbol{\beta}$。

(1) 数与向量的乘法

定义 3.2 n 维向量 $\boldsymbol{\alpha}=(a_1,a_2,\cdots,a_n)$ 的各分量的 k 倍所组成的 n 维向量，称为数 k 与向量 $\boldsymbol{\alpha}$ 的**乘积**，记作 $k\boldsymbol{\alpha}$，即 $k\boldsymbol{\alpha}=k(a_1,a_2,\cdots,a_n)=(ka_1,ka_2,\cdots,ka_n)$。显然，$k\mathbf{0}=\mathbf{0}$，$0\boldsymbol{\alpha}=\mathbf{0}$。

(2) 向量的加法

定义 3.3 两个 n 维向量 $\boldsymbol{\alpha}=(a_1,a_2,\cdots,a_n)$，$\boldsymbol{\beta}=(b_1,b_2,\cdots,b_n)$ 的对应分量之和构成的 n 维向量称为 $\boldsymbol{\alpha}$ 与 $\boldsymbol{\beta}$ 的**和**，记作：$\boldsymbol{\alpha}+\boldsymbol{\beta}$，即 $\boldsymbol{\alpha}+\boldsymbol{\beta}=(a_1+b_1,a_2+b_2,\cdots,a_n+b_n)$。向量 $(-a_1,-a_2,\cdots,-a_n)$ 称为向量 $\boldsymbol{\alpha}$ 的**负向量**，记作 $-\boldsymbol{\alpha}=(-a_1,-a_2,\cdots,-a_n)$。因此，可定义向量减法 $\boldsymbol{\alpha}-\boldsymbol{\beta}=\boldsymbol{\alpha}+(-\boldsymbol{\beta})=(a_1-b_1,a_2-b_2,\cdots,a_n-b_n)$。

例 3.7 已知向量 $\boldsymbol{\alpha}_1=(1,0,-1)$，$\boldsymbol{\alpha}_2=(2,-2,1)$，$\boldsymbol{\alpha}_3=(4,1,-1)$，求满足等式

$$3\boldsymbol{\alpha}_1+2\boldsymbol{\beta}=2\boldsymbol{\alpha}_2+\boldsymbol{\alpha}_3 \text{ 的向量 } \boldsymbol{\beta}。$$

解 根据运算规律及性质，有

$$\boldsymbol{\beta}=\frac{1}{2}(2\boldsymbol{\alpha}_2+\boldsymbol{\alpha}_3-3\boldsymbol{\alpha}_1)=\frac{1}{2}(5,-3,2)=\left(\frac{5}{2},-\frac{3}{2},1\right)。$$

对于线性方程组

$$\begin{cases} a_{11}x_1+a_{12}x_2+\cdots+a_{1n}x_n=b_1, \\ a_{21}x_1+a_{22}x_2+\cdots+a_{2n}x_n=b_2, \\ \cdots \quad \cdots \quad \cdots \quad \cdots \\ a_{m1}x_1+a_{m2}x_2+\cdots+a_{mn}x_n=b_m, \end{cases}$$

设 $\boldsymbol{\alpha}_j=\begin{pmatrix} a_{1j} \\ a_{2j} \\ \vdots \\ a_{mj} \end{pmatrix}, \boldsymbol{\beta}=\begin{pmatrix} b_1 \\ b_2 \\ \vdots \\ b_m \end{pmatrix} \quad (j=1,2,\cdots,n)$，则方程组可以用向量及运算规律表示为

$$x_1\boldsymbol{\alpha}_1+x_2\boldsymbol{\alpha}_2+\cdots+x_n\boldsymbol{\alpha}_n=\boldsymbol{\beta},$$

上式称为线性方程组的**向量形式**。

不难验证，数与向量乘法和向量的加减法满足以下运算规律。设 $\boldsymbol{\alpha},\boldsymbol{\beta},\boldsymbol{\gamma}$ 是向量，k,l 是常数，则

① $\boldsymbol{\alpha}+\boldsymbol{\beta}=\boldsymbol{\beta}+\boldsymbol{\alpha}$（交换律）；

② $\boldsymbol{\alpha}+(\boldsymbol{\beta}+\boldsymbol{\gamma})=(\boldsymbol{\alpha}+\boldsymbol{\beta})+\boldsymbol{\gamma}$（结合律）；

③ $\boldsymbol{\alpha}+\mathbf{0}=\boldsymbol{\alpha}$；

④ $\boldsymbol{\alpha}+(-\boldsymbol{\alpha})=\mathbf{0}$；

⑤ $(k+l)\boldsymbol{\alpha}=k\boldsymbol{\alpha}+l\boldsymbol{\alpha}$；

⑥ $k(\boldsymbol{\alpha}+\boldsymbol{\beta})=k\boldsymbol{\alpha}+k\boldsymbol{\beta}$；

⑦ $(kl)\boldsymbol{\alpha}=k(l\boldsymbol{\alpha})$；

⑧ $1\cdot\boldsymbol{\alpha}=\boldsymbol{\alpha}$。

3.3.2　向量间的线性关系

通常称同维数的 m 个行向量（或同维数的列向量）$\boldsymbol{\alpha}_1,\boldsymbol{\alpha}_2,\cdots,\boldsymbol{\alpha}_m$ 为向量组。

定义 3.4　若 $\boldsymbol{\alpha}_1,\boldsymbol{\alpha}_2,\cdots,\boldsymbol{\alpha}_s$ 为 n 维向量，$k_1,k_2,\cdots,k_s$ 为实数，则称 $k_1\boldsymbol{\alpha}_1+k_2\boldsymbol{\alpha}_2+\cdots+k_s\boldsymbol{\alpha}_s$ 为 $\boldsymbol{\alpha}_1,\boldsymbol{\alpha}_2,\cdots,\boldsymbol{\alpha}_s$ 的一个**线性组合**。

如果 $\boldsymbol{\beta}$ 等于 $\boldsymbol{\alpha}_1,\boldsymbol{\alpha}_2,\cdots,\boldsymbol{\alpha}_s$ 的一个线性组合，即若存在一组数 k_1，$k_2,\cdots,k_s$，使得 $\boldsymbol{\beta}=k_1\boldsymbol{\alpha}_1+k_2\boldsymbol{\alpha}_2+\cdots+k_s\boldsymbol{\alpha}_s$，则称 $\boldsymbol{\beta}$ 可由 $\boldsymbol{\alpha}_1,\boldsymbol{\alpha}_2,\cdots,\boldsymbol{\alpha}_s$ 线

性表示(出)。

例 3.8 设,$\boldsymbol{\alpha}_1=\begin{pmatrix}1\\0\\2\end{pmatrix}$,$\boldsymbol{\alpha}_2=\begin{pmatrix}0\\1\\3\end{pmatrix}$,$\boldsymbol{\alpha}_3=\begin{pmatrix}2\\1\\7\end{pmatrix}$,有 $\boldsymbol{\alpha}_3=2\boldsymbol{\alpha}_1+\boldsymbol{\alpha}_2$,称 $\boldsymbol{\alpha}_3$ 可由 $\boldsymbol{\alpha}_1,\boldsymbol{\alpha}_2$ 线性表示。

定义 3.5 若 $\boldsymbol{\alpha}_1,\boldsymbol{\alpha}_2,\cdots,\boldsymbol{\alpha}_m$ 是 m 个 n 维向量,如果存在 m 个不全为 0 的数 $k_1,k_2,\cdots,k_m$,使得

$$k_1\boldsymbol{\alpha}_1+k_2\boldsymbol{\alpha}_2+\cdots+k_m\boldsymbol{\alpha}_m=\mathbf{0},$$

则称向量组 $\boldsymbol{\alpha}_1,\boldsymbol{\alpha}_2,\cdots,\boldsymbol{\alpha}_m$ **线性相关**,否则称向量组为**线性无关**。即当且仅当 $k_1=k_2=\cdots=k_m=0$ 时才有 $k_1\boldsymbol{\alpha}_1+k_2\boldsymbol{\alpha}_2+\cdots+k_m\boldsymbol{\alpha}_m=\mathbf{0}$ 成立,则 $\boldsymbol{\alpha}_1,\boldsymbol{\alpha}_2,\cdots,\boldsymbol{\alpha}_m$ 线性无关。

例 3.9 判断向量组 $\boldsymbol{\alpha}_1=\begin{pmatrix}1\\2\\-1\end{pmatrix}$,$\boldsymbol{\alpha}_2=\begin{pmatrix}5\\1\\3\end{pmatrix}$,$\boldsymbol{\alpha}_3=\begin{pmatrix}2\\1\\4\end{pmatrix}$ 是线性相关还是线性无关。

解 设存在一组 k_1,k_2,k_3,使得

$$k_1\boldsymbol{\alpha}_1+k_2\boldsymbol{\alpha}_2+k_3\boldsymbol{\alpha}_3=\mathbf{0},$$

即

$$k_1\begin{pmatrix}1\\2\\-1\end{pmatrix}+k_2\begin{pmatrix}5\\1\\3\end{pmatrix}+k_3\begin{pmatrix}2\\1\\4\end{pmatrix}=\mathbf{0},$$

得方程组

$$\begin{cases}k_1+5k_2+2k_3=0,\\2k_1+k_2+k_3=0,\\-k_1+3k_2+4k_3=0,\end{cases}$$

这是以 k_1,k_2,k_3 为未知量的齐次线性方程组,将系数矩阵 $\mathbf{A}$ 经过初等行变换,得

$$\mathbf{A}=\begin{pmatrix}1&5&2\\2&1&1\\-1&3&4\end{pmatrix}\rightarrow\begin{pmatrix}1&5&2\\0&1&2\\0&0&-5\end{pmatrix},$$

由于 r($\boldsymbol{A}$)=3(未知量的个数),所以方程组只有零解 $k_1=k_2=k_3=0$,因此 $\boldsymbol{\alpha}_1,\boldsymbol{\alpha}_2,\boldsymbol{\alpha}_3$ 线性无关。

由例 3.9 可以看出,要判断向量组 $\boldsymbol{\alpha}_1,\boldsymbol{\alpha}_2,\boldsymbol{\alpha}_3$ 是否线性相关,只要判断矩阵 $\boldsymbol{A}=[\boldsymbol{\alpha}_1,\boldsymbol{\alpha}_2,\boldsymbol{\alpha}_3]$($\boldsymbol{\alpha}_1,\boldsymbol{\alpha}_2,\boldsymbol{\alpha}_3$ 为列向量)的秩是否小于向量的个数,由此可以得到判断向量线性相关的一般方法。

定理 3.3 当 $\boldsymbol{\alpha}_1,\boldsymbol{\alpha}_2,\cdots,\boldsymbol{\alpha}_m$ 为列向量时,构建矩阵 $\boldsymbol{A}=[\boldsymbol{\alpha}_1,\boldsymbol{\alpha}_2,\cdots,\boldsymbol{\alpha}_m]$,当 $\boldsymbol{\alpha}_1,\boldsymbol{\alpha}_2,\cdots,\boldsymbol{\alpha}_m$ 为行向量时,构建矩阵 $\boldsymbol{A}=[\boldsymbol{\alpha}_1^{\mathrm{T}},\boldsymbol{\alpha}_2^{\mathrm{T}},\cdots,\boldsymbol{\alpha}_m^{\mathrm{T}}]$,对向量组 $\boldsymbol{\alpha}_1,\boldsymbol{\alpha}_2,\cdots,\boldsymbol{\alpha}_m$,若秩 $R(\boldsymbol{A})<m$,那么向量组 $\boldsymbol{\alpha}_1,\boldsymbol{\alpha}_2,\cdots,\boldsymbol{\alpha}_m$ 线性相关,若 $R(\boldsymbol{A})=m$,那么向量组 $\boldsymbol{\alpha}_1,\boldsymbol{\alpha}_2,\cdots,\boldsymbol{\alpha}_m$ 线性无关。

例 3.10 判断向量组

$$\boldsymbol{\alpha}_1=(3,4,-2,5),\boldsymbol{\alpha}_2=(2,-5,0,-3),$$
$$\boldsymbol{\alpha}_3=(5,0,-1,2),\boldsymbol{\alpha}_4=(3,3,-3,5)$$

是否线性相关?若线性相关,求出一组相关系数。

解 设 $k_1\boldsymbol{\alpha}_1+k_2\boldsymbol{\alpha}_2+k_3\boldsymbol{\alpha}_3+k_4\boldsymbol{\alpha}_4=\boldsymbol{0}$,构建矩阵 $\boldsymbol{A}=[\boldsymbol{\alpha}_1^{\mathrm{T}},\boldsymbol{\alpha}_2^{\mathrm{T}},\boldsymbol{\alpha}_3^{\mathrm{T}},\boldsymbol{\alpha}_4^{\mathrm{T}}]$ 并对矩阵 $\boldsymbol{A}$ 施行初等行变换,化为阶梯形矩阵

$$\boldsymbol{A}=\begin{bmatrix}3&2&5&3\\4&-5&0&3\\-2&0&-1&-3\\5&-3&2&5\end{bmatrix}\to\begin{bmatrix}3&2&5&3\\0&1&1&0\\0&0&1&-1\\0&0&0&0\end{bmatrix},$$

$R(\boldsymbol{A})=3<4$,所以向量组 $\boldsymbol{\alpha}_1,\boldsymbol{\alpha}_2,\boldsymbol{\alpha}_3,\boldsymbol{\alpha}_4$ 线性相关,且齐次线性方程组 $k_1\boldsymbol{\alpha}_1+k_2\boldsymbol{\alpha}_2+k_3\boldsymbol{\alpha}_3+k_4\boldsymbol{\alpha}_4=\boldsymbol{0}$ 的解为

$$\begin{cases}k_1=-2c,\\k_2=-c,\\k_3=c,\\k_4=c\end{cases}\quad(c\text{ 取任意实数}),$$

取 $c=1$,得 $k_1=-2,k_2=-1,k_3=1,k_4=1$,即存在一组相关系数 $-2,-1,1,1$,使得

$$-2\boldsymbol{\alpha}_1-\boldsymbol{\alpha}_2+\boldsymbol{\alpha}_3+\boldsymbol{\alpha}_4=\boldsymbol{0}。$$

3.3.3 向量组的秩

1. 向量的最大线性无关组

定义 3.6 设 $\boldsymbol{T}$ 是 n 维向量所组成的向量组，在 $\boldsymbol{T}$ 中选取 r 个向量 $\boldsymbol{\alpha}_1,\boldsymbol{\alpha}_2,\cdots,\boldsymbol{\alpha}_r$，如果满足：

① $\boldsymbol{\alpha}_1,\boldsymbol{\alpha}_2,\cdots,\boldsymbol{\alpha}_r$ 线性无关；

② 任取 $\boldsymbol{\alpha}\in\boldsymbol{T}$，总有 $\boldsymbol{\alpha}_1,\boldsymbol{\alpha}_2,\cdots,\boldsymbol{\alpha}_r,\boldsymbol{\alpha}$ 线性相关（或 $\boldsymbol{\alpha}$ 可由向量组 $\boldsymbol{\alpha}_1,\boldsymbol{\alpha}_2,\cdots,\boldsymbol{\alpha}_r$ 线性表示），则称向量组 $\boldsymbol{\alpha}_1,\boldsymbol{\alpha}_2,\cdots,\boldsymbol{\alpha}_r$ 为向量组 $\boldsymbol{T}$ 的一个极大线性无关组，简称**极大无关组**。

对于例题 3.10，称 $\boldsymbol{\alpha}_1,\boldsymbol{\alpha}_3,\boldsymbol{\alpha}_4$ 是向量组 $\boldsymbol{\alpha}_1,\boldsymbol{\alpha}_2,\boldsymbol{\alpha}_3,\boldsymbol{\alpha}_4$ 的一个**极大无关组**，容易看出极大无关组不唯一，这里 $\boldsymbol{\alpha}_1,\boldsymbol{\alpha}_2,\boldsymbol{\alpha}_3,\boldsymbol{\alpha}_1,\boldsymbol{\alpha}_2,\boldsymbol{\alpha}_4$ 和 $\boldsymbol{\alpha}_2,\boldsymbol{\alpha}_3,\boldsymbol{\alpha}_4$ 都可作为向量组 $\boldsymbol{\alpha}_1,\boldsymbol{\alpha}_2,\boldsymbol{\alpha}_3,\boldsymbol{\alpha}_4$ 的极大无关组，但包含的向量个数相等。

一个向量组只要找到它的一个极大无关组，就可以用它来表示向量组中的任一个向量。向量组 $\boldsymbol{T}$ 的极大无关组所含的向量的个数是向量组 $\boldsymbol{T}$ 的一个不变量，由向量组确定。

2. 向量组的秩

定义 3.7 向量组的极大无关组所含的向量的个数，称为该**向量组的秩**。

定理 3.4 矩阵的秩等于它的列向量组的秩，也等于它的行向量组的秩。

综上可得求向量组 $\boldsymbol{\alpha}_1,\boldsymbol{\alpha}_2,\cdots,\boldsymbol{\alpha}_m$ 秩的方法和步骤：

① 由向量组 $\boldsymbol{\alpha}_1,\boldsymbol{\alpha}_2,\cdots,\boldsymbol{\alpha}_m$ 构成一个矩阵 $\boldsymbol{A}$，使矩阵 $\boldsymbol{A}$ 的第 i 列元素为向量 $\boldsymbol{\alpha}_i$ 的分量；

② 对矩阵 $\boldsymbol{A}$ 施行初等行变换，将 $\boldsymbol{A}$ 化为阶梯形矩阵 $\boldsymbol{B}$，于是向量组 $\boldsymbol{\alpha}_1,\boldsymbol{\alpha}_2,\cdots,\boldsymbol{\alpha}_m$ 的秩等于 $R(\boldsymbol{B})$；

③ 与矩阵 $\boldsymbol{B}$ 的非零行第一个非零元素对应的矩阵 $\boldsymbol{A}$ 的列向量组，即为向量组 $\boldsymbol{\alpha}_1,\boldsymbol{\alpha}_2,\cdots,\boldsymbol{\alpha}_m$ 的一个极大无关组。

例 3.11 求向量组 $\boldsymbol{\alpha}_1,\boldsymbol{\alpha}_2,\boldsymbol{\alpha}_3,\boldsymbol{\alpha}_4$ 的秩，并求一个极大无关组。

$$\boldsymbol{\alpha}_1=(1,-2,2,3),\boldsymbol{\alpha}_2=(-2,4,-1,3),$$
$$\boldsymbol{\alpha}_3=(-1,2,0,3),\boldsymbol{\alpha}_4=(0,6,2,3)。$$

解　由向量组 $\boldsymbol{\alpha}_1,\boldsymbol{\alpha}_2,\boldsymbol{\alpha}_3,\boldsymbol{\alpha}_4$ 构建矩阵 $\boldsymbol{A}=[\boldsymbol{\alpha}_1^{\mathrm{T}},\boldsymbol{\alpha}_2^{\mathrm{T}},\boldsymbol{\alpha}_3^{\mathrm{T}},\boldsymbol{\alpha}_4^{\mathrm{T}}]$，并对矩阵 $\boldsymbol{A}$ 施行初等行变换：

$$\boldsymbol{A}=\begin{pmatrix}1 & -2 & -1 & 0\\ -2 & 4 & 2 & 6\\ 2 & -1 & 0 & 2\\ 3 & 3 & 3 & 3\end{pmatrix}\rightarrow\begin{pmatrix}1 & -2 & -1 & 0\\ 0 & 3 & 2 & 1\\ 0 & 0 & 0 & 1\\ 0 & 0 & 0 & 0\end{pmatrix},$$

因为 $\mathrm{r}(\boldsymbol{A})=3$，所以向量组 $\boldsymbol{\alpha}_1,\boldsymbol{\alpha}_2,\boldsymbol{\alpha}_3,\boldsymbol{\alpha}_4$ 的秩为 3，而行阶梯形矩阵的非零行第一个非零元素所在的列是第 1，第 2，第 4 列，因此向量组 $\boldsymbol{\alpha}_1$，$\boldsymbol{\alpha}_2,\boldsymbol{\alpha}_4$ 是一个极大无关组。

3.4　线性方程组解的结构

对于线性方程组，已经解决了方程组解的判定及如何求解的问题，现在在线性方程组有无穷多解的条件下，进一步讨论线性方程组解的结构。

3.4.1　齐次线性方程组解的结构

齐次线性方程组(3-8)的矩阵形式为：$\boldsymbol{AX}=\boldsymbol{0}$，其中

$$\boldsymbol{A}=(a_{ij})_{m\times n},\boldsymbol{X}=\begin{pmatrix}x_1\\ x_2\\ \vdots\\ x_n\end{pmatrix}。\tag{3-9}$$

若 $x_1=c_1,x_2=c_2,\cdots,x_n=c_n$ 为齐次线性方程组(3-9)的解，则

$$\boldsymbol{\xi}=\begin{pmatrix}c_1\\ c_2\\ \vdots\\ c_n\end{pmatrix}$$

称为齐次线性方程组(3-8)的**解向量**(简称为**解**)，也就是方程(3-9)的解。齐次线性方程组(3-8)的解向量有如下性质：

性质 1　如果 $\boldsymbol{X}_1=\boldsymbol{\xi}_1,\boldsymbol{X}_2=\boldsymbol{\xi}_2$ 是方程组(3-8)的解，则 $\boldsymbol{X}=\boldsymbol{\xi}_1+\boldsymbol{\xi}_2$

也是方程组(3-8)的解。

性质 2 如果 $\boldsymbol{X}=\boldsymbol{\xi}$ 是方程组(3-8)的解,k 是实数,则 $\boldsymbol{X}=k\boldsymbol{\xi}$ 也是方程组(3-8)的解。

性质 3 若 $\boldsymbol{\xi}_1,\boldsymbol{\xi}_2,\cdots,\boldsymbol{\xi}_s$ 是方程组(3-8)的解,则 $k_1\boldsymbol{\xi}_1+k_2\boldsymbol{\xi}_2+\cdots+k_s\boldsymbol{\xi}_s$ 也是方程组(3-8)的解。

为了讨论齐次线性方程组解的结构,我们先引入基础解系的概念。

定义 3.8 设 $\boldsymbol{\xi}_1,\boldsymbol{\xi}_2,\cdots,\boldsymbol{\xi}_s$ 是齐次线性方程组(3-8)的 s 个**解**(亦称解向量),如果满足:

① $\boldsymbol{\xi}_1,\boldsymbol{\xi}_2,\cdots,\boldsymbol{\xi}_s$ 线性无关;

② 方程组(3-8)或(3-9)的任意一个解都可以由 $\boldsymbol{\xi}_1,\boldsymbol{\xi}_2,\cdots,\boldsymbol{\xi}_s$ 线性表示,则称 $\boldsymbol{\xi}_1,\boldsymbol{\xi}_2,\cdots,\boldsymbol{\xi}_s$ 为方程组(3-8)或(3-9)的一个**基础解系**。

由定义知,基础解系是方程组(3-8)或(3-9)所有解向量的一个极大无关组。显然,基础解系如果存在便不是唯一的。

以下介绍基础解系的求法:

① 把齐次线性方程组的系数写成矩阵 $\boldsymbol{A}$;

② 把 $\boldsymbol{A}$ 通过初等行变换化为阶梯形矩阵;

③ 把阶梯形矩阵中非主元列所对应的变量作为自由未知量,共有 $n-r$ 个,设 $R(\boldsymbol{A})=r$;

④ 分别令自由未知量中一个为 1,其余为 0 的方法,求出 $n-r$ 个解向量。

这 $n-r$ 个解向量可构成基础解系。

定理 3.5 设方程组(3-8)或(3-9)的系数矩阵 $\boldsymbol{A}$ 的秩 $R(\boldsymbol{A})=r<n$,则方程组(3-8)的任一基础解系含有 $n-r$ 个解向量;如果 $\boldsymbol{\xi}_1,\boldsymbol{\xi}_2,\cdots,\boldsymbol{\xi}_{n-r}$ 是一个基础解系,则方程组(3-8)或(3-9)的任一解(结构式通解)可表示为

$\boldsymbol{x}=k_1\boldsymbol{\xi}_1+\cdots+k_{n-r}\boldsymbol{\xi}_{n-r}$,其中 $k_1,k_2,\cdots,k_{n-r}$ 为一组任意数。

例 3.12 求例 3.6 中方程组一个基础解系及通解。

解 由例 3.6 知,方程组的解为

$$\begin{cases} x_1 = x_2 + x_4, \\ x_2 = x_2, \\ x_3 = \quad\quad 2x_4, \\ x_4 = \quad\quad x_4, \end{cases}$$

其中 x_2, x_4 为自由未知量。

分别取$\begin{bmatrix} x_2 \\ x_4 \end{bmatrix} = \begin{bmatrix} 1 \\ 0 \end{bmatrix}, \begin{bmatrix} 0 \\ 1 \end{bmatrix}$,得原方程组的一个基础解系：

$$\xi_1 = \begin{pmatrix} 1 \\ 1 \\ 0 \\ 0 \end{pmatrix}, \xi_2 = \begin{pmatrix} 1 \\ 0 \\ 2 \\ 1 \end{pmatrix},$$

通解为

$$\boldsymbol{x} = k_1\boldsymbol{\xi}_1 + k_2\boldsymbol{\xi}_2,$$

即

$$\begin{pmatrix} x_1 \\ x_2 \\ x_3 \\ x_4 \end{pmatrix} = k_1 \begin{pmatrix} 1 \\ 1 \\ 0 \\ 0 \end{pmatrix} + k_2 \begin{pmatrix} 1 \\ 0 \\ 2 \\ 1 \end{pmatrix} \quad (k_1, k_2 \text{ 为任意常数})。$$

3.4.2 非齐次线性方程组解的结构

设有非齐次线性方程组

$$\begin{cases} a_{11}x_1 + a_{12}x_2 + \cdots + a_{1n}x_n = b_1, \\ a_{21}x_1 + a_{22}x_2 + \cdots + a_{2n}x_n = b_2, \\ \cdots \quad \cdots \quad \cdots \quad \cdots \\ a_{m1}x_1 + a_{m2}x_2 + \cdots + a_{mn}x_n = b_m。 \end{cases} \tag{3-10}$$

为了方便，我们称齐次线性方程组(3-8)为非齐次线性方程组(3-10)的导出方程组，非齐次线性方程组与其导出方程组解之间的关系如下：

性质 4 设 $\boldsymbol{\eta}_1, \boldsymbol{\eta}_2$ 都是方程组(3-10)的解，则 $\boldsymbol{\eta}_1 - \boldsymbol{\eta}_2$ 必为它的导

出方程组(3-8)的解。

性质 5 设 $\boldsymbol{\eta}$ 是方程组(3-10)的解，$\boldsymbol{\xi}$ 是它的导出方程组的解，则 $\boldsymbol{\eta}+\boldsymbol{\xi}$ 是方程组(3-10)的解。

定理 3.6 设 $\boldsymbol{\eta}_0$ 是方程组(3-10)的一个解(称为**特解**)，$\boldsymbol{\xi}_1,\boldsymbol{\xi}_2,\cdots,\boldsymbol{\xi}_{n-r}$是它的导出方程组(3-8)的一个基础解系，则方程组(3-10)的任一解(结构式通解)为

$$\boldsymbol{X}=k_1\boldsymbol{\xi}_1+\cdots+k_{n-r}\boldsymbol{\xi}_{n-r}+\boldsymbol{\eta}_0。$$

易知，非齐次线性方程组的通解等于它的一个特解加上对应的齐次线性方程组的通解。

例 3.13 求例 3.2 中线性方程组的通解。

解 由例 3.2 知，方程组的解为

$$\begin{cases}x_1=\dfrac{13}{7}-\dfrac{3}{7}x_3-\dfrac{13}{7}x_4,\\ x_2=-\dfrac{4}{7}+\dfrac{2}{7}x_3+\dfrac{4}{7}x_4,\\ x_3=x_3,\\ x_4=x_4,\end{cases}\tag{3-11}$$

导出方程组的解为

$$\begin{cases}x_1=-\dfrac{3}{7}x_3-\dfrac{13}{7}x_4,\\ x_2=\dfrac{2}{7}x_3+\dfrac{4}{7}x_4,\\ x_3=x_3,\\ x_4=x_4,\end{cases}\tag{3-12}$$

其中 x_3,x_4 为自由未知量。

取$\begin{bmatrix}x_3\\x_4\end{bmatrix}$分别为$\begin{bmatrix}1\\0\end{bmatrix}$，$\begin{bmatrix}0\\1\end{bmatrix}$代入方程组(3-12)，得导出方程组的一个基础解系

$$\boldsymbol{\xi}_1=\begin{pmatrix}-\frac{3}{7}\\\frac{2}{7}\\1\\0\end{pmatrix},\boldsymbol{\xi}_2=\begin{pmatrix}-\frac{13}{7}\\\frac{4}{7}\\0\\1\end{pmatrix},$$

取$\begin{bmatrix}x_3\\x_4\end{bmatrix}=\begin{bmatrix}0\\0\end{bmatrix}$代入方程组(3-11)，得方程组的一个特解为

$$\boldsymbol{\eta}_0=\begin{pmatrix}\frac{13}{7}\\-\frac{4}{7}\\0\\0\end{pmatrix},$$

所以原方程组的通解为

$$\boldsymbol{x}=k\boldsymbol{\xi}+\boldsymbol{\eta}_0,$$

即

$$\begin{pmatrix}x_1\\x_2\\x_3\\x_4\end{pmatrix}=k_1\begin{pmatrix}-\frac{3}{7}\\\frac{2}{7}\\1\\0\end{pmatrix}+k_2\begin{pmatrix}-\frac{13}{7}\\\frac{4}{7}\\0\\1\end{pmatrix}+\begin{pmatrix}\frac{13}{7}\\-\frac{4}{7}\\0\\0\end{pmatrix}。$$

例 3.14　求非齐次线性方程组

$$\begin{cases}2x_1-3x_2+6x_3-5x_4=3,\\-x_1+2x_2-5x_3+3x_4=-1,\\4x_1-5x_2+8x_3-9x_4=7\end{cases}$$

的通解。

解　对增广矩阵 $\overline{\mathbf{A}}$ 施行初等行变换：

$$\overline{\mathbf{A}}=\begin{pmatrix}2&-3&6&-5&3\\-1&2&-5&3&-1\\4&-5&8&-9&7\end{pmatrix}\xrightarrow{r_1\leftrightarrow(-1)r_2}\begin{pmatrix}1&-2&5&-3&1\\2&-3&6&-5&3\\4&-5&8&-9&7\end{pmatrix}$$

$$\xrightarrow[(-4)r_1+r_3]{(-2)r_1+r_2}\begin{pmatrix}1 & -2 & 5 & -3 & 1\\0 & 1 & -4 & 1 & 1\\0 & 3 & -12 & 3 & 3\end{pmatrix}$$

$$\xrightarrow[2r_2+r_1]{(-3)r_2+r_3}\begin{pmatrix}1 & 0 & -3 & -1 & 3\\0 & 1 & -4 & 1 & 1\\0 & 0 & 0 & 0 & 0\end{pmatrix},$$

得解

$$\begin{cases}x_1=3+3x_3+x_4,\\x_2=1+4x_3-x_4,\\x_3=x_3,\\x_4=x_4,\end{cases}$$

其中 x_3,x_4 为自由未知量。

令$\begin{bmatrix}x_3\\x_4\end{bmatrix}=\begin{bmatrix}0\\0\end{bmatrix}$,代入上式,可得方程组的一个特解 $\boldsymbol{\eta}_0=\begin{pmatrix}3\\1\\0\\0\end{pmatrix}$,显然,原方程组的导出方程组的解为

$$\begin{cases}x_1=3x_3+x_4,\\x_2=4x_3-x_4,\\x_3=x_3,\\x_4=x_4。\end{cases}$$

令$\begin{bmatrix}x_3\\x_4\end{bmatrix}$分别为$\begin{bmatrix}1\\0\end{bmatrix}$,$\begin{bmatrix}0\\1\end{bmatrix}$,代入上式,可得导出方程组的基础解系

$$\boldsymbol{\xi}_1=\begin{pmatrix}3\\4\\1\\0\end{pmatrix},\quad\boldsymbol{\xi}_2=\begin{pmatrix}1\\-1\\0\\1\end{pmatrix},$$

故原方程组的通解为

$$\boldsymbol{X}=k_1\boldsymbol{\xi}_1+k_2\boldsymbol{\xi}_2+\boldsymbol{\eta}_0,$$

即

$$\begin{pmatrix}x_1\\x_2\\x_3\\x_4\end{pmatrix}=k_1\begin{pmatrix}3\\4\\1\\0\end{pmatrix}+k_2\begin{pmatrix}1\\-1\\0\\1\end{pmatrix}+\begin{pmatrix}3\\1\\0\\0\end{pmatrix}。$$

小　结

本章主要介绍了如何求线性方程组的解，下面归纳一下求解线性方程组的主要步骤：

1. 齐次线性方程组

① 写出系数矩阵 $\boldsymbol{A}$。

② 对 $\boldsymbol{A}$ 施行初等行变换化为阶梯形矩阵。

③ 根据系数矩阵的秩即 $R(\boldsymbol{A})$ 判断方程组是否有非零解？

ⅰ 若 $R(\boldsymbol{A})=n$，则方程组有唯一解（零解）。

ⅱ 若 $R(\boldsymbol{A})<n$，则方程组有无穷多解（非零解）。

④ 当方程组有非零解时，对系数矩阵 $\boldsymbol{A}$ 继续施行初等行变换化为行最简阶梯形矩阵。

⑤ 找出自由未知量，求出解。

⑥ 求出基础解系，写出通解。

2. 非齐次线性方程组

① 写出增广矩阵 $\overline{\boldsymbol{A}}$。

② 对 $\overline{\boldsymbol{A}}$ 施行初等行变换化为阶梯形矩阵。

③ 根据增广矩阵的秩即 $R(\overline{\boldsymbol{A}})$ 和系数矩阵的秩 $R(\boldsymbol{A})$，判断方程组是否有解？有多少个解？

ⅰ 若 $R(\overline{\boldsymbol{A}})\neq R(\boldsymbol{A})$，方程组无解。

ⅱ 若 $R(\overline{\boldsymbol{A}})=R(\boldsymbol{A})=n$，则方程组有唯一解，求其解。

ⅲ 若 $R(\overline{\boldsymbol{A}})=R(\boldsymbol{A})<n$，则方程组有无穷多解。

ⅳ 当方程组有无穷多解时，对增广矩阵 $\overline{\boldsymbol{A}}$ 继续施行初等行变换化为行最简阶梯形矩阵。

ⅴ 找出自由未知量，求出解。

ⅵ 求出一个特解及导出方程组的基础解系，写出通解。

3. 向量与向量组

利用矩阵的秩判断向量组的线性相关性，并求出一个最大线性无关组。

习题 3

1. 已知向量 $\boldsymbol{\alpha}=(3,2,5)$ $\boldsymbol{\beta}=(-1,0,2)$ $\boldsymbol{\gamma}=(1,-2,-3)$，求：

① $3\boldsymbol{\alpha}+2\boldsymbol{\beta}-\boldsymbol{\gamma}$ 的值；

② 若 $2\boldsymbol{\eta}+\boldsymbol{\alpha}-2\boldsymbol{\beta}-\boldsymbol{\gamma}=0$，求 $\boldsymbol{\eta}$。

2. 已知 $3\boldsymbol{\alpha}+\boldsymbol{\beta}=(2,0,1,-1)$，$\boldsymbol{\alpha}+2\boldsymbol{\beta}=(0,2,3,1)$，求 $\boldsymbol{\alpha}$，$\boldsymbol{\beta}$。

3. 判断下列向量组的线性相关性，若相关，求出一组相关系数。

(1) $\boldsymbol{\alpha}_1=(1,1,1)$，$\boldsymbol{\alpha}_2=(1,6,3)$，$\boldsymbol{\alpha}_3=(1,2,3)$；

(2) $\boldsymbol{\alpha}_1=(1,3,2)$，$\boldsymbol{\alpha}_2=(-2,-1,1)$，$\boldsymbol{\alpha}_3=(3,5,2)$；

(3) $\boldsymbol{\alpha}_1=(6,2,-5,4)$，$\boldsymbol{\alpha}_2=(3,1,-1,2)$，$\boldsymbol{\alpha}_3=(6,5,-1,4)$，$\boldsymbol{\alpha}_4=(3,4,0,2)$。

4. 求下列向量组的秩，并求一个最大无关组：

(1) $\boldsymbol{\alpha}_1=(2,1,3)$，$\boldsymbol{\alpha}_2=(3,0,4)$，$\boldsymbol{\alpha}_3=(1,2,1)$，$\boldsymbol{\alpha}_4=(5,1,6)$；

(2) $\boldsymbol{\alpha}_1=(1,-1,2,4)$，$\boldsymbol{\alpha}_2=(0,3,1,2)$，$\boldsymbol{\alpha}_3=(2,1,5,6)$，$\boldsymbol{\alpha}_4=(1,-1,2,0)$，$\boldsymbol{\alpha}_5=(3,0,7,14)$。

(3) $\boldsymbol{\alpha}_1=(2,1,1,1)^{\mathrm{T}}$，$\boldsymbol{\alpha}_2=(-1,1,7,10)^{\mathrm{T}}$，$\boldsymbol{\alpha}_3=(3,1,-1,-2)^{\mathrm{T}}$，$\boldsymbol{\alpha}_4=(8,5,9,11)^{\mathrm{T}}$

5. 求下列齐次线性方程组的基础解系及通解：

(1) $\begin{cases} x_1+x_2+2x_3-x_4=0, \\ 2x_1+x_2+x_3-x_4=0, \\ 2x_1+2x_2+x_3+2x_4=0; \end{cases}$

(2) $\begin{cases} 3x_1+5x_2+6x_3-4x_4=0, \\ x_1+2x_2+4x_3-3x_4=0, \\ 4x_1+5x_2-2x_3+3x_4=0, \\ 3x_1+8x_2+24x_3-19x_4=0。 \end{cases}$

(3) $\begin{cases} x_1+x_2+x_3+4x_4-3x_5=0, \\ x_1-x_2+3x_3-2x_4-x_5=0, \\ 2x_1+x_2+3x_3+5x_4-5x_5=0, \\ 3x_1+x_2+5x_3+6x_4-7x_5=0。\end{cases}$

6. 用基础解系表示出如下线性方程组的全部解。

(1) $\begin{cases} x_1+x_2=5, \\ 2x_1+x_2+x_3+2x_4=1, \\ 5x_1+3x_2+2x_3+2x_4=3。\end{cases}$

(2) $\begin{cases} x_1+x_2+x_3+x_4+x_5=7, \\ 3x_1+2x_2+x_3+x_4-3x_5=-2, \\ x_2+2x_3+2x_4+6x_5=23, \\ 5x_1+4x_2-3x_3+3x_4-x_5=12。\end{cases}$

7. λ 为何值时,线性方程组

$$\begin{cases} x_1+2x_2+x_3=\lambda, \\ -x_1-x_2+\lambda x_3=1, \\ 2x_1+\lambda x_2+8x_3=-4 \end{cases}$$

① 有唯一解;

② 无解;

③ 有无穷多个解。

自测题 3

一、选择题

1. λ=(　),下面方程组有唯一解。

$$\begin{cases} x_1+x_2+x_3=\lambda-1, \\ 2x_2-x_3=\lambda-2, \\ \lambda(\lambda-3)(\lambda-1)x_3=-(\lambda-3)。\end{cases}$$

A. 0　　　　B. 2

C. 3　　D. 1

2. λ=(　),下面方程组有无穷多解。

$$\begin{cases} x_1+2x_2-x_3=\lambda-1, \\ \quad 3x_2-x_3=\lambda-2, \\ \quad \lambda x_2-x_3=(\lambda-3)(\lambda-4)+(\lambda-2), \end{cases}$$

A. 1　　B. 2

C. 3　　D. 4

3. λ=(　),下面方程组无解。

$$\begin{cases} x_1+2x_2-x_3=4, \\ \quad x_2+2x_3=2, \\ \quad (\lambda-2)x_3=(\lambda-3)(\lambda-4)。 \end{cases}$$

A. 0　　B. 2

C. 3　　D. 4

4. 齐次线性方程组 $\boldsymbol{AX}=\boldsymbol{0}$ 是线性方程组 $\boldsymbol{AX}=\boldsymbol{B}$ 的导出组,则(　)。

A. $\boldsymbol{AX}=\boldsymbol{0}$ 有零解时,$\boldsymbol{AX}=\boldsymbol{B}$ 有唯一解

B. $\boldsymbol{AX}=\boldsymbol{0}$ 有非零解时,$\boldsymbol{AX}=\boldsymbol{B}$ 有无穷多个解

C. u 是 $\boldsymbol{AX}=\boldsymbol{0}$ 的通解,x_0 是 $\boldsymbol{AX}=\boldsymbol{B}$ 的特解时,x_0+u 是 $\boldsymbol{AX}=\boldsymbol{0}$ 的通解

D. $\boldsymbol{v}_1,\boldsymbol{v}_2$ 是 $\boldsymbol{AX}=\boldsymbol{0}$ 的解时,$\boldsymbol{v}_1-\boldsymbol{v}_2$ 是 $\boldsymbol{AX}=\boldsymbol{B}$ 的解

二、计算题

1. λ 为何值时向量组 $\boldsymbol{\alpha}_1=(-1,-3,3)$,$\boldsymbol{\alpha}_2=(2,1,-1)$,$\boldsymbol{\alpha}_3=(1,3,\lambda)$线性相关?

2. 已知 $\boldsymbol{\alpha}_1=\begin{pmatrix}1\\2\\3\\1\end{pmatrix}$,$\boldsymbol{\alpha}_2=\begin{pmatrix}2\\3\\1\\2\end{pmatrix}$,$\boldsymbol{\alpha}_3=\begin{pmatrix}3\\1\\2\\-2\end{pmatrix}$,$\boldsymbol{\beta}=\begin{pmatrix}0\\4\\2\\5\end{pmatrix}$,判断向量 $\boldsymbol{\beta}$ 能否用向量组 $\boldsymbol{\alpha}_1,\boldsymbol{\alpha}_2,\boldsymbol{\alpha}_3$ 线性表示。

3. 求下列齐次线性方程组的通解及基础解系:

(1) $\begin{cases} -x_1+x_2-x_3+x_4=0, \\ 3x_1-3x_2+3x_3-3x_4=0, \\ -5x_1+5x_2-5x_3+5x_4=0; \end{cases}$

(2) $\begin{cases} x_1-3x_2+x_3-2x_4=0, \\ -5x_1+x_2-2x_3+3x_4=0, \\ -x_1-11x_2+2x_3-5x_4=0, \\ 3x_1+5x_2+x_4=0。 \end{cases}$

4. 求下列非齐次线性方程组的通解：

(1) $\begin{cases} x_1+x_2-3x_3-x_4=1, \\ 3x_1-x_2-3x_3+4x_4=4, \\ x_1+5x_2-9x_3-8x_4=0; \end{cases}$

(2) $\begin{cases} x_1+4x_2-x_3-x_4=-1, \\ x_1-2x_2+x_3+2x_4=3, \\ 2x_1+2x_2+x_4=2, \\ 3x_1+x_3+3x_4=5。 \end{cases}$

5. 在下面的方程组中，问 λ 分别取何值时，方程组无解，有唯一解，有无穷多个解？

$$\begin{cases} -2x_1+x_2+x_3=-2 \\ x_1-2x_2+x_3=\lambda, \\ x_1+x_2-2x_3=\lambda^2。 \end{cases}$$

第4章　随机事件与概率

内容提要:本章介绍概率论的基础知识,有大量的基本概念和计算公式。随机事件是最基本的概念,要会使用基本事件表示随机事件。在事件间的关系与运算中,应着重掌握和事件、积事件及对立事件。要了解概率的统计定义。掌握互斥事件和任意事件的加法公式。古典概型是本章的难点,要求掌握关于抽球问题的概率计算。条件概率是个基本概念,乘法公式、全概公式和逆概公式都建立在条件概率的基础上。最后,独立性和贝努里概型也都是本章的重点。

4.1　随机事件

4.1.1　随机现象与统计规律性

概率论与数理统计是研究随机现象统计规律的一门数学分支。什么是随机现象呢? 让我们先做两个简单的试验。

试验Ⅰ:一个盒子中有10个完全相同的白球,搅匀后从中任意摸取一球。

试验Ⅱ:一个盒子中有10个相同的球,但5个是白色的,另外5个是黑色的,搅匀后从中任意摸取一球。

对于试验Ⅰ,在球没有取出之前,我们就能确定取出的必定是白球,这种试验,根据试验开始时的条件,就可以确定试验的结果。而对于试验Ⅱ来说,在球没有取出以前,我们从开始时的条件,不能确定试验的结果(即取出的球)是白的还是黑的,也就是说一次试验的结果,出现白球还是出现黑球,在试验之前是无法确定的。对于这一类试验,骤然一看,似乎没有什么规律可言。但是,实践告诉我们,如果我们从盒子中反复多次取球(每次取出一球,记录颜色后仍把球放回盒子中并且搅匀),那么总可以观察到这样的事实:当试验次数 n 相当大时,出现白球的次数 $n_{白}$ 和出现黑球的次数 $n_{黑}$ 是很接近的,比值$\frac{n_{白}}{n}\left(或\frac{n_{黑}}{n}\right)$会逐渐稳定于$\frac{1}{2}$。出现这样的事实是完全可以理解的,因为在盒子中白球数等于黑球数,从中任意摸取一个球,取得白球或黑球的"机会"应该是平等的。

于是,我们面对着两种类型的试验。试验Ⅰ所代表的类型,在试验之前就能断定它有一个确定的结果,这种类型的试验所对应的现象,称为**确定性现象**。确定性现象非常广泛,例如:

"早晨,太阳必然从东方升起。"

"边长为 a,b 的矩形,其面积必为 $a \cdot b$。"

……

过去我们所学的各门数学课程基本上都是用来处理和研究这类确定性现象的。

试验Ⅱ所代表的类型,它有多于一种可能的试验结果,但是在一次试验之前不能肯定试验会出现哪一个结果。就一次试验而言,看不出有什么规律,但是"大数次"地重复这个试验,结果又遵循某些规律,这种规律称之为"**统计规律**",这一类试验所代表的现象称为**随机现象**。在客观世界中随机现象是极为普遍的,例如:

"某地区的年降雨量。"

"检查流水生产线上的一件产品,是合格品还是不合格品?"

"打靶射击时,弹着点离靶心的距离。"

……

概率论与数理统计就是研究随机现象的统计规律的数学学科,由于随机现象的普遍性,使得概率论与数理统计具有极其广泛的应用。近年来,一方面它为科学技术、工农业生产等的现代化作出了重要的贡献;另一方面,广泛的应用也促进概率论与数理统计有了极大的发展。

4.1.2 随机事件

1. 随机试验

满足下述条件的试验，称为**随机试验**，简称**试验**：

① 可重复性：试验可以在相同的情形下重复进行；

② 可观察性：试验的所有可能结果是明确可知道的，并且不止一个；

③ 不确定性：每次试验总是恰好出现这些可能结果中的一个，但在一次试验之前却不能肯定这次试验会出现哪一个结果。

例 4.1 抛一枚硬币，观察出现正、反面的情况。

例 4.2 掷一颗骰子，观察出现的点数情况。

以上两例中的试验，都符合上述三个条件，所以都是随机试验。

2. 基本事件及样本空间

随机试验的每一种最简单的结果，称为**基本事件**。因为随机试验的所有结果是明确的，从而所有的基本事件也是明确的，它们的全体，称为**样本空间**(或**基本空间**)，常用 Ω 表示。Ω 中的基本事件(也称为样本点)，常用 ω 表示。

例如：

例 4.1 中，有 2 个基本事件：出现正面，出现反面。样本空间为 Ω，简记为 $\Omega=\{$正，反$\}$。

例 4.2 中，有 6 个基本事件 1,2,3,4,5,6。样本空间为 $\Omega=\{1,2,3,4,5,6\}$。

3. 随机事件

在随机试验中，可能发生也可能不发生的事件，称为**随机事件**，简称为**事件**，用字母 A,B,C 等表示。

如例 4.1 中，若记 $A=\{$正面$\}$，$B=\{$反面$\}$，则 A,B 都是随机事件。又如例 4.2 中，若记 $A_i=\{$掷得 i 点$\}(i=1,2,3,4,5,6)$，则 A_1,A_2,A_3,A_4,A_5,A_6 都是随机事件。

随机事件除了基本事件外，还可以由几个基本事件所组成。如例 4.2 中，若记 $B=\{$掷得奇数点$\}$，则 B 由 A_1,A_3,A_5 三个基本事件所组成,即 $B=\{1,3,5\}$,这类事件称为**复杂事件**(亦称**复合事件**)。

从集合角度看,随机事件是样本空间这个集合中的某一个子集合。

例 4.3 抛两枚同样大小的硬币,观察出现正、反面的情况,试写出试验的样本空间 Ω 及事件 A:"出现一个正面,一个反面"。

解 $\Omega=\{(正,正),(正,反),(反,正),(反,反)\}$,

$A=\{(正,反),(反,正)\}$。

4. 必然事件及不可能事件

在每次试验中,一定发生的事件,称为**必然事件**,用 Ω 来表示;一定不发生的事件,称为不可能事件,用 $\varnothing$ 来表示。

如例 4.2 中,事件{点数大于 6}为不可能事件,事件{点数不大于 6}是必然事件。

必然事件和不可能事件的发生与否,已经失去了"不确定性",因而本质上它们不是随机事件。但是为了方便起见,我们还是把它们看作随机事件。稍后我们会理解,它们不过是随机事件的两个极端情形而已。

4.1.3 事件的关系和运算

一个样本空间 Ω 中,可以有很多的随机事件,概率论的任务之一,是研究随机事件的规律,通过对较简单事件规律的研究去掌握更复杂事件的规律。为此,需要研究事件之间的关系和事件之间的一些运算。

1. 包含

如果事件 A 发生必然导致事件 B 发生,则称**事件 B 包含事件 A**(或称 A **包含于** B),记作 $A\subset B$,此时称 A 是 B 的**子事件**。如例 4.2 中,$A_1=\{$掷得 1 点$\}$是 $B=\{$掷得奇数点$\}$的子事件,即 $A_1\subset B$。

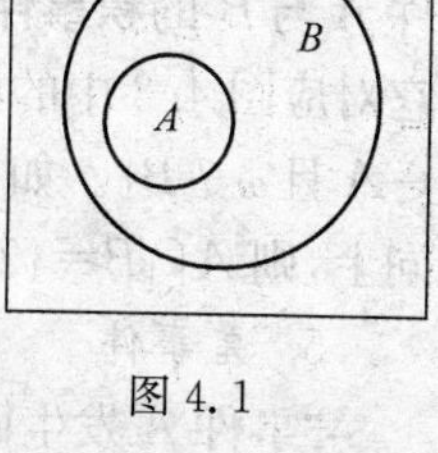

图 4.1

可以给上述的含意以一个直观的几何解释,设样本空间 Ω 是一个正方形,如图 4.1 所示,A 与 B 是两个事件,也就是说 Ω 的某两个子集。"事件 A 发生必然导致事件 B 发生"意味着"属于 A 的基本事件必然属于 B",即 A 中的点全在 B 中。

由此可知，事件 $A\subset B$ 的含意与集合论中的意义是一致的。

因为不可能事件 $\varnothing$ 不包含任何基本事件，所以对任一事件 A，我们约定 $\varnothing\subset A$。

2. 相等

如果有 $A\subset B$，$B\subset A$ 同时成立，则称事件 A 与 B **相等**，记作 $A=B$。易知，相等的两个事件 A，B，总是同时发生或同时不发生。

所谓 $A=B$，就是 A 与 B 中含有相同的样本点。如在例 4.2 中，若 $A=\{$掷得偶数点$\}$，$B=\{2,4,6\}$，则显然有 $A=B$。

上述关于 $A=B$ 的说法，在验证两个事件是否相等时，是非常有用的，在许多情形中可以说是唯一的一种方法。

3. 和事件

"事件 A 与 B 中至少有一个发生"，这样的一个事件称为事件 A 与 B 的**和事件**(或**并**)，记作 $A\cup B$，有时也记为 $A+B$。和事件 $A\cup B$ 可以理解为或者 A 发生，或者 B 发生，或者 A，B 同时发生。它的几何表示如图 4.2 所示，图中的阴影部分是事件"$A\cup B$"。

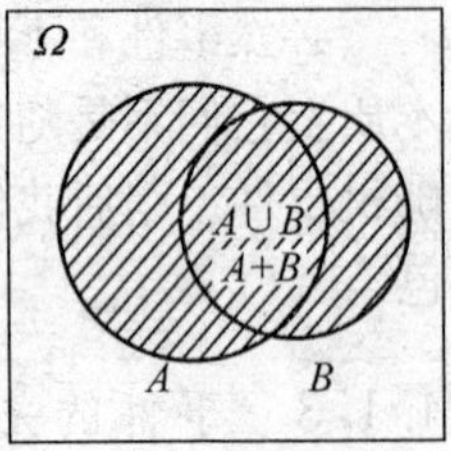

图 4.2

事件 $A\cup B=\{\omega|\omega\in A$ 或 $\omega\in B\}$，$A\cup B$ 包含且只包含 A 和 B 的所有样本点。如在例 4.2 中，设 $A=\{$掷得偶数点$\}$，$B=\{1,2,3\}$，则 $A\cup B=\{1,2,3,4,6\}$。

4. 积事件

"事件 A 与 B 同时发生"，这样的事件称为事件 A 与 B 的**积事件**(或**交**)，记作 $A\cap B$(或 AB)，它对应图 4.3 中的阴影部分，事件 $A\cap B=\{\omega|\omega\in A$ 且 $\omega\notin B\}$。如在例 4.2 中，若 A 与 B 的假设同上，则 $A\cap B=\{2\}$。

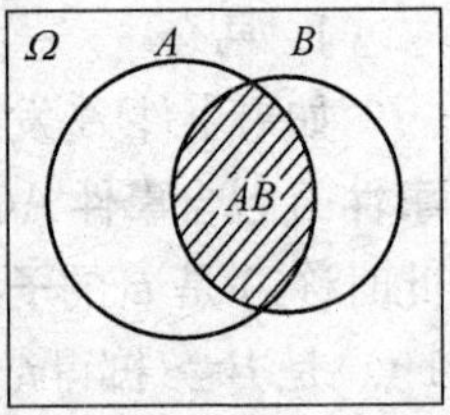

图 4.3

5. 差事件

"事件 A 发生而 B 不发生"，这样的事件称为事件 A 与 B 的**差事件**，记作 $A-B$，它表示了图 4.4 中的阴影部分。

事件 $A-B=\{\omega|\omega\in A$ 且 $\omega\notin B\}$，如在例 4.2 中，若 A 与 B 的假设

同上，则$A-B=\{4,6\}$。

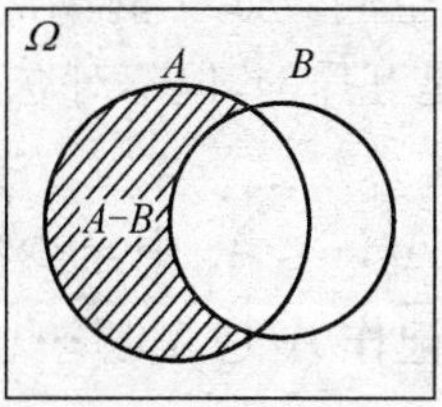

图 4.4

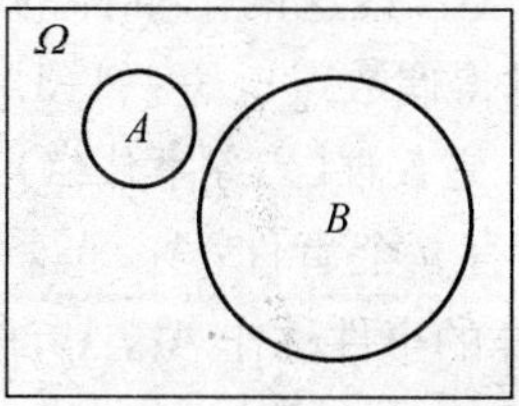

图 4.5

6. 互斥事件

若事件 A 与 B 不能同时发生，也就是说 AB 是一个不可能事件，即 $AB=\varnothing$，则称事件 A 与 B **互斥**（或称 A 与 B **互不相容**）。图 4.5 表示了这一情形。

又如在例 4.2 中，设 $A=\{$掷得偶数点$\}$，$B=\{1,3\}$，则显然 A 与 B 不能同时发生，即有 $AB=\varnothing$，也就是说 A 与 B 是互斥的，两个基本事件是两两互不相容的。

两个事件互斥可以推广到 n 个事件互斥的情形。当 n 个事件 A_1，A_2，…，A_n 中任意两个事件不可能同时发生，即 $A_iA_j=\varnothing(1\leqslant i\neq j\leqslant n)$ 时，则称这 n 个事件互斥（或互不相容）。此时这 n 个事件的和事件记作 $A_1+A_2+\cdots+A_n$ 或 $\sum\limits_{i=1}^{n}A_i$。

7. 事件的对立

若 A 是一个事件，令 $\overline{A}=\Omega-A$，则称 $\overline{A}$ 为事件 A 的**对立事件**或**逆事件**。容易知道，在一次试验中，若 A 发生，则 $\overline{A}$ 必不发生（反之亦然），即 A 与 $\overline{A}$ 二者只能发生其中之一，并且也必然发生其中之一。如图 4.6 所示。因而有

$$A\overline{A}=\varnothing, A+\overline{A}=\Omega,$$

此外，显然有

$$\overline{\overline{A}}=A。$$

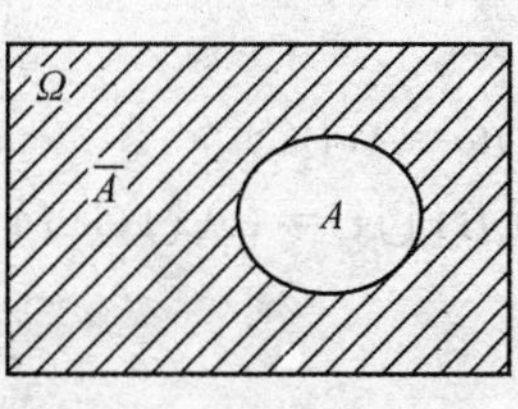

图 4.6

如在例 4.2 中，设 $A=\{$掷得偶数点$\}$，则 $\overline{A}=\{$掷得奇数点$\}$。

注意:两个对立事件一定是互斥的,但两个互斥事件不一定是对立的。需要考察这两个事件的和是否为样本空间。如在例 4.2 中,设 $A=\{$掷得偶数点$\}$,$B=\{1,3\}$,显然 A 与 B 是互斥的,但不对立。

8. 完备群(完备事件组)

若有 n 个事件:$A_1,A_2,\cdots,A_n$,则“$A_1,A_2,\cdots,A_n$ 中至少发生一个”这样的事件称作 $A_1,A_2,\cdots,A_n$ 的并,并记作 $A_1\cup A_2\cup\cdots\cup A_n$ 或 $\bigcup\limits_{i=1}^{n}A_i$。若 $\bigcup\limits_{i=1}^{n}A_i=\Omega$,则称这 n 个事件 $A_1,A_2,\cdots,A_n$ 构成**完备群**;又若这 n 个事件 $A_1,A_2,\cdots,A_n$ 还满足 $A_iA_j=\varnothing\quad(1\leqslant i<j\leqslant n)$,则称这 n 个事件 $A_1,A_2,\cdots,A_n$ 构成**互不相容完备群**(亦称**完备事件组**)。显然,A 和 $\overline{A}$ 构成一个完备事件组。

如果读者已经有了一定的集合论知识,一定会发现事件间的关系及运算和集合间的关系和运算是完全可以相互类比的。在许多场合,用集合论的表达方式显得简练些,也更容易理解些。但对初学概率论的读者来说,重要的是要学会用概率论的语言来解释集合间的关系及运算,并能运用它们。

例 4.4 设 A,B,C 是 Ω 中的随机事件,则

事件“A 与 B 发生,C 不发生”可以表示成 $AB\overline{C}$;

“A,B,C 中至少有两个发生”可以表示成 $AB\cup AC\cup BC$;

“A,B,C 中恰有两个发生”可以表示成 $AB\overline{C}\cup A\overline{B}C\cup\overline{A}BC$;

“A,B,C 中有不多于一个事件发生”可以表示成 $\overline{A}\,\overline{B}\,\overline{C}\cup A\overline{B}\,\overline{C}\cup\overline{A}B\overline{C}\cup\overline{A}\,\overline{B}C$。

4.1.4 事件的运算规律

① 交换律:$A\cup B=B\cup A,AB=BA$。

② 结合律:$(A\cup B)\cup C=A\cup(B\cup C),(AB)C=A(BC)$。

③ 分配律:$(A\cup B)\cap C=AC\cup BC,(A\cap B)\cup C=(A\cup C)\cap(B\cup C)$。

④ 自反律:$\overline{\overline{A}}=A$。

⑤ $\overline{A\cup B}=\overline{A}\,\overline{B},\overline{AB}=\overline{A}\cup\overline{B}$。

此性质可推广到有限多个时的情形：

$$\overline{A_1 \cup A_2 \cup \cdots \cup A_n} = \overline{A}_1\overline{A}_2\cdots\overline{A}_n,$$

$$\overline{A_1A_2\cdots A_n} = \overline{A}_1 \cup \overline{A}_2 \cup \cdots \cup \overline{A}_n。$$

⑥ $AA=A, A\cup A=A; A\Omega=A, A\cup\Omega=\Omega; A\varnothing=\varnothing, A\cup\varnothing=A$。

4.2　事件的概率

4.2.1　概率的统计定义

1. 频率

随机事件 A 在 n 次重复试验中发生了 k 次（称 k 为**频数**），则称此值$\frac{k}{n}$为随机事件 A 的**频率**，记作 $f_n(A)$，即

$$f_n(A) = \frac{k}{n}。\tag{4-1}$$

2. 频率的稳定性

我们知道，一个随机事件，在每次试验中，可能发生也可能不发生，即在一次试验中，随机事件的发生带有偶然性。然而，对同一事件，在相同条件下进行大量试验，又会呈现出一种确定的规律来。它告诉我们，随机事件发生的可能性的大小是可以度量的。

历史上有人做过抛掷硬币的试验，结果如表 4.1 所示。

表 4.1

试验者	抛掷次数	“正面向上”次数	“正面向上”的频率
蒲　丰	4040	2048	0.5069
皮尔逊	12000	6019	0.5016
皮尔逊	24000	12012	0.5005
维　尼	30000	14994	0.4998

容易看出，随着抛掷次数的增加，正面向上的频率围绕着一个确定的常数 0.5 作幅度越来越小的摆动。正面向上的频率稳定于 0.5 附

近，是一个客观存在的事实，不随人们主观意志为转移，这一规律，就是频率的稳定性。

频率在一定程度上反映了随机事件发生可能性的大小。尽管每做一串（n 次）试验，所得到的频率可以各不相同，但是只要 n 相当大，频率就会非常"靠近"某一个常数。

3. 概率的统计定义

当试验次数 n 充分大时，若随机事件 A 发生的频率 $f_n(A)$ 逐渐稳定地在区间[0,1]上的某一个常数 p 附近摆动，则称数值 p 为随机事件的概率，记作 $P(A)=p$。

如例 4.1 中，若记 $A=\{$正面$\}$，则 $P(A)=\dfrac{1}{2}$。

上述定义称为随机事件概率的统计定义。

4.2.2　概率的古典定义

1. 古典概型

设有 40 件同类产品，其中 37 件合格品，3 件次品，现从中随机地抽取一件进行检查。这里，所谓"随机地抽取"，指的就是各件产品被抽到的可能性是相同的。由于 40 件产品中有 3 件次品，故即使不进行大量试验，我们也会认为抽到次品的可能性为$\dfrac{3}{40}$。

从上例中，我们看到一种简单而又直观地计算概率的方法，但在应用这个方法时，要求随机试验具备以下两个特点：

① 所有可能的实验结果（即基本事件）只有有限个；

② 每个基本事件发生的可能性是相等的。

具备上述特点的随机试验模型，称为**古典概型**。

例如前面提到的抛硬币、掷骰子试验都是古典概型。称这种随机试验中的事件的概率为**古典概率**。

2. 概率的古典定义

在古典概型中，若总的基本事件数为 n，而事件 A 包含了 k 个基本事件，则 A 的概率为

$$P(A)=\frac{k}{n}=\frac{A\text{包含的基本事件数}}{\Omega\text{中基本事件的总数}}。\tag{4-2}$$

这种概率的定义，称为**概率的古典定义**。由等可能性的假设，不难理解这个定义确实客观地反映了随机事件发生的可能性的大小。

例 4.5　同时抛掷两枚硬币，求落下后“恰有一枚正面向上”的概率。

解　设 A={恰有一枚正面向上}。抛掷两枚硬币，等可能的基本事件有 4 个，即(正，正)、(正，反)、(反，正)、(反，反)，而随机事件 A 由其中的 2 个基本事件(正，反)、(反，正)组成，故 $P(A)=\frac{2}{4}=\frac{1}{2}$。

这个例题告诉我们，在应用概率的古典定义计算时，必须慎重地判断等可能性。如果认为此例中等可能的基本事件为“全正”、“一正一反”、“全反”就会得出 $P(A)=\frac{1}{3}$ 的错误结论来。

例 4.6　同时抛掷两枚匀称的骰子，求事件 A:“点数之和等于 10”的概率。

解　等可能的基本事件共有 $6^2=36$ 个。如果我们用 (x,y) 表示第一枚骰子出 x 点，第二枚骰子出 y 点这一基本事件，则全部基本事件为

(1,1)(1,2)(1,3)(1,4)(1,5)(1,6)

(2,1)(2,2)(2,3)(2,4)(2,5)(2,6)

(3,1)(3,2)(3,3)(3,4)(3,5)(3,6)

(4,1)(4,2)(4,3)(4,4)(4,5)(4,6)

(5,1)(5,2)(5,3)(5,4)(5,5)(5,6)

(6,1)(6,2)(6,3)(6,4)(6,5)(6,6)

事件 A 所包含的基本事件是(4,6)(5,5)(6,4)三个，故 $P(A)=\frac{3}{36}=\frac{1}{12}$。

以上两例均采用罗列基本事件的方法。这种方法直观、清楚，但是太繁琐了。在很多场合下，由于基本事件的总数很大，一一罗列基本事件实际上是行不通的，因此在大多数场合是用计算排列、组合的方法分

析求解古典概型问题的。

例 4.7 有 10 件产品,其中 2 件次品,无放回地取出 3 件,求:

① 这三件产品全是正品的概率;

② 这三件产品恰有一件次品的概率;

③ 这三件产品至少有一件次品的概率。

解 设 $A=\{$全是正品$\}$,$B=\{$恰有一件次品$\}$,$C=\{$至少有一件次品$\}$,从 10 件中取出 3 件,共有 C_{10}^3 种取法,即有 C_{10}^3 个等可能的基本事件。

① 这三件产品全是正品的取法有 C_8^3 种,所以

$$P(A)=\frac{C_8^3}{C_{10}^3}=\frac{56}{120}=\frac{7}{15}。$$

② 这三件产品恰有一件次品的取法有 $C_8^2C_2^1$ 种,所以

$$P(B)=\frac{C_8^2C_2^1}{C_{10}^3}=\frac{56}{120}=\frac{7}{15}。$$

③ 这三件产品至少有一件次品,包括两种情形:恰有一件次品,取法有 $C_8^2C_2^1$;恰有两件次品,取法有 $C_8^1C_2^2$,所以

$$P(C)=\frac{C_8^2C_2^1+C_8^1C_2^2}{C_{10}^3}=\frac{64}{120}=\frac{8}{15}。$$

例 4.8 假设电话号码由 0,1,2,…,9 中的四个数字组成(可以重复),任取一个电话号码,求它是由不同的四个数字组成的概率。

解 设 $A=\{$电话号码由四个不同数字组成$\}$。从 10 个不同的数中,任取 4 个数(可以重复),共有 10^4 种,而由不同的 4 个数组成的电话号码的方法共有 P_{10}^4 种,故所求事件 A 的概率

$$P(A)=\frac{P_{10}^4}{10^4}=\frac{63}{125}。$$

4.2.3 概率的基本性质

1. 概率的基本性质

由概率的定义和前面的讨论,可以得到概率的几条基本性质:

性质 1 任何事件的概率都在 0 与 1 之间,即 $0\leqslant P(A)\leqslant 1$。

性质 2 若 Ω 为必然事件,$\varnothing$ 为不可能事件,则 $P(\Omega)=1$,$P(\varnothing)=0$。

性质 3　$P(\overline{A})=1-P(A)(A\in\Omega)$。

2. 加法公式

(1) 互不相容事件的加法公式

定理 4.1　两个互不相容事件的和的概率等于它们概率的和，即若 A,B 互不相容(即 $AB=\varnothing$)，则

$$P(A\cup B)=P(A)+P(B)。\tag{4-3}$$

证明　我们就古典概型情况，予以证明。

设样本空间的基本事件的总数为 n，事件 A 包含了 k_A 个基本事件，事件 B 包含了 k_B 个基本事件，由于 A,B 互不相容，A 所包含的 k_A 个基本事件和 B 所包含的 k_B 个基本事件是完全不同的，所以 $A+B$ 包含了 k_A+k_B 个基本事件。故

$$P(A+B)=\frac{k_A+k_B}{n}=\frac{k_A}{n}+\frac{k_B}{n}=P(A)+P(B)。$$

推论 1　若 $A_1,A_2,\cdots,A_n$ 两两互不相容，则

$$P(A_1+A_2+\cdots+A_n)=P(A_1)+P(A_2)+\cdots+P(A_n)。\tag{4-4}$$

推论 2　$P(\overline{A})=1-P(A)$。　(4-5)

推论 3　若事件 $A_1,A_2,\cdots,A_n$ 构成互不相容完备群，则这些事件的概率之和等于 1，即

$$P(A_1)+P(A_2)+\cdots+P(A_n)=1。$$

例 4.9　袋中有 20 个球，其中有 3 个白球，17 个黑球，从中任取 3 个，求至少有一个白球的概率。

我们用 A_i 表示“取到 i 个白球”($i=0,1,2,3$)，用 A 表示“至少有一个白球”。

解法一　(利用古典概型)

$$P(A)=\frac{C_3^1C_{17}^2+C_3^2C_{17}^1+C_3^3}{C_{20}^3}=\frac{23}{57}。$$

解法二　(利用概率的加法公式)

由于 A_1,A_2,A_3 两两互不相容，故

$$\begin{aligned}P(A)&=P(A_1+A_2+A_3)=P(A_1)+P(A_2)+P(A_3)\\&=\frac{C_3^1C_{17}^2}{C_{20}^3}+\frac{C_3^2C_{17}^1}{C_{20}^3}+\frac{C_3^3}{C_{20}^3}=\frac{23}{57}。\end{aligned}$$

解法三 （利用对立事件的概率公式）

A 的对立事件 $\overline{A}$ 表示“一个白球也没取到”，即 $\overline{A}=A_0$，故

$$P(A)=1-P(\overline{A})=1-\frac{C_3^0C_{17}^3}{C_{20}^3}=\frac{23}{57}。$$

例 4.10 （生日问题）设一年有 365 天，求下述事件 A,B 的概率：

$A=\{n$ 个人中没有 2 人的生日相同，$\}$

$B=\{n$ 个人中有 2 人的生日在同一天$\}$。

解 显然事件 A,B 有关系 $B=\overline{A}$，利用概率的性质 $P(\overline{A})=1-P(A)$，只需求出其中之一的概率就行了。今求 $P(A)$。由于每个人的生日可以是 365 天中的任意一天，因此 n 个人的生日有 $(365)^n$ 种可能结果，而每种结果发生都是等可能的，因而是古典概型。有利于事件 A 的可能结果必须是 n 个不同的生日，因而有利于 A 的样本点数为从 365 中取 n 个的排列数 P_{365}^N，

$$P(A)=\frac{P_{365}^N}{(365)^N}=\frac{365\times364\times\cdots\times4(365-n+1)}{(365)^n},$$

$$P(B)=1-P(A)=1-\frac{P_{365}^N}{(365)^N}=1-\frac{365\times364\times\cdots\times(365-n+1)}{(365)^n},$$

有趣的是当 $n=23$ 时，$P(B)>\frac{1}{2}$；而当 $n=50$ 时，$P(B)=0.97$。也就是说，如果随机产生的 50 个人聚在一起，则他们中至少有 2 人的生日在同一天的可能很大。

通过这两个例题，可以看出，当直接计算某事件的概率比较复杂时，转化为求它的对立事件的概率，往往可以简化计算。

在应用公式 $P(A+B)=P(A)+P(B)$ 时，一定要验证 A,B 互不相容。如果不注意这个条件，就会犯错误。例如：甲、乙两门炮同时向同一敌机射击，击中的概率分别为 0.5 和 0.6，求敌机被击中的概率。若分别用 A,B 表示“甲击中”与“乙击中”这两个事件，则“敌机被击中”就可用 $A+B$ 表示，代入公式 $P(A+B)=P(A)+P(B)=0.5+0.6=1.1$，结果所求概率大于 1，显然是荒谬的。导致这个错误的原因在于忽略了“甲、乙两炮同时击中敌机”的可能。由于 A,B 相容，因此不能用上述公式进行计算。

那么对于任意两事件的和的概率如何计算呢？我们有下面的加法公式。

(2) 任意事件和的加法公式

定理 4.2　对于任意两个事件 A,B，有 $P(A\cup B)=P(A)+P(B)-P(AB)$。　(4-6)

证明　从图 4.7 可知，$A\cup B=A+B\overline{A}$，而 A 和 $B\overline{A}$ 互不相容，所以

$$P(A\cup B)=P(A+B\overline{A})=P(A)+P(B\overline{A}),$$

$$B=BA+B\overline{A},$$

而 BA 和 $B\overline{A}$ 互不相容，所以

$$P(B)=P(BA+B\overline{A})=P(BA)+P(B\overline{A}),$$

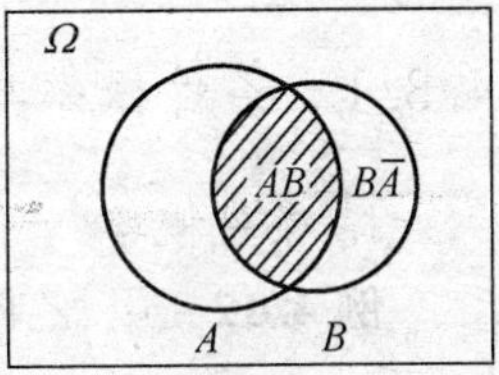

图 4.7

两式相减，可得

$$P(A\cup B)-P(B)=P(A)-P(AB),$$

即

$$P(A\cup B)=P(A)+P(B)-P(AB)。$$

这个公式可以这样记忆：把 $P(A\cup B)$ 看作 $A\cup B$ 的面积，它等于 A 的面积 $P(A)$，加上 B 的面积 $P(B)$，由于其中 AB 的面积被加了两次，所以再减去 AB 的面积 $P(AB)$。

容易看出，当事件 A,B 互不相容时，$P(AB)=P(\varnothing)=0$，任意事件的加法公式就变为互不相容事件的加法公式。

推论 4.4　A,B,C 为任意三事件，则

$$P(A\cup B\cup C)=P(A)+P(B)+P(C)-P(AB)-P(AC)-P(BC)+P(ABC)。\quad (4\text{-}7)$$

例 4.11　如图 4.8 所示线路中，元件 a 发生故障的概率为 0.05，元件 b 发生故障的概率为 0.06，a,b 同时发生故障的概率为 0.03，求线路断路的概率。

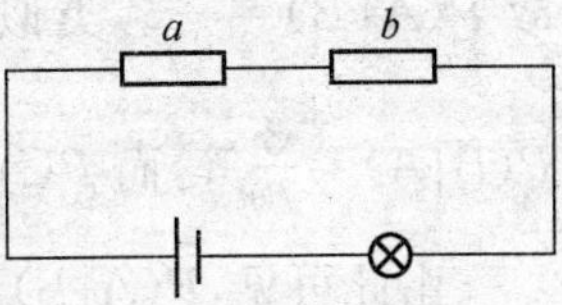

图 4.8

解　用 A 表示“元件 a 发生故障”，用 B 表示“元件 b 发生故障”，则 $A\cup B$ 表示“元件 a,b 至少有一个发生故障”，即“断路”。

$$\begin{aligned}P(A\cup B)&=P(A)+P(B)-P(AB)\\&=0.05+0.06-0.03=0.08。\end{aligned}$$

4.3 条件概率、全概率公式与逆概率公式

4.3.1 条件概率与乘法公式

1. 条件概率

例 4.12 甲、乙两个工厂生产同类产品,结果如表 4.2 所示。

表 4.2

	合格品数	废品数	合计
甲厂产品数	67	36	70
乙厂产品数	28	2	30
合计	95	5	100

从这 100 件产品中随机抽取一件,记 $A=$ {取到的是甲厂产品}, $B=$ {取到合格品},则 $\overline{A}=$ {取到的是乙厂产品}, $\overline{B}=$ {取到的不是合格品},现在要问,如果已知取到的产品是合格品,那么这件产品是甲厂产品的概率是多少呢?

这实质上是求在事件 B 已经发生的条件下,事件 A 发生的概率,这种概率称之为在 B 发生的条件下 A 发生的**条件概率**,记作 $P(A|B)$。

在例 4.12 中,由于总共有 95 件合格品,而其中甲厂产品有 67 件,故 $P(A|B)=\dfrac{67}{95}$。类似地,可以求出 $P(\overline{A}|B)=\dfrac{28}{95}$, $P(B|A)=\dfrac{67}{70}$, $P(\overline{B}|A)=\dfrac{3}{70}$等,而 $P(A)=\dfrac{70}{100}$, $P(B)=\dfrac{95}{100}$, $P(AB)=\dfrac{67}{100}$。

由此可见, $P(A|B)$与 $P(A)$, $P(B|A)$与 $P(B)$以及 $P(AB)$的含义都是不相同的。事实上容易验证,对一般的古典概型,只要 $P(A)>0$,总有 $P(B|A)=\dfrac{P(AB)}{P(A)}$。

2. 乘法公式

定理 4.3　两事件的积的概率等于其中一事件的概率与另一事件在前一事件发生的条件下的条件概率的乘积，即

$$P(AB)=P(A)P(B\mid A)=P(B)P(A\mid B)。\qquad (4\text{-}8)$$

此式称为概率的**乘法公式**。

证明　设试验的基本事件总数为 n，事件 A 包含的基本事件数为 $k_1(k_1\leqslant n)$，事件 B 包含的基本事件数为 $k_2(k_2\leqslant n)$，事件 AB 包含的基本事件数为 $k(k\leqslant k_1,k\leqslant k_2)$，由条件概率的定义：

$$P(B\mid A)=\frac{\text{在 }A\text{ 发生的条件下 }B\text{ 包含的基本事件数}}{A\text{ 包含的基本事件数}}$$

$$=\frac{k}{k_1}=\frac{\frac{k}{n}}{\frac{k_1}{n}}=\frac{P(AB)}{P(A)},P(A)>0,$$

所以有 $P(AB)=P(A)P(B|A)$，同理可得 $P(AB)=P(B)P(A|B)$。

由定理 4.3 容易推广到三个事件乘积的概率的乘法公式：

推论 4.5　A,B,C 为任意三事件，则

$$P(ABC)=P(A)P(B\mid A)P(C\mid AB)。\qquad (4\text{-}9)$$

例 4.13　甲乙两市都位于长江下游，据一百年来的气象记录，一年中雨天的比例：甲市为 20%，乙市为 18%，两市同时下雨为 12%。设 A=\{甲市出现雨天\}，B=\{乙市出现雨天\}，求：

① $P(A|B)$；

② $P(B|A)$；

③ $P(A\cup B)$。

解　① $P(A|B)=\dfrac{P(AB)}{P(B)}=\dfrac{0.12}{0.18}=\dfrac{2}{3}\approx 0.67$。

② $P(B|A)=\dfrac{P(AB)}{P(A)}=\dfrac{0.12}{0.2}=\dfrac{3}{5}=0.6$。

③ $P(A\cup B)=P(A)+P(B)-P(AB)=0.2+0.18-0.12=0.26$。

例 4.14　已知 100 件产品中有 10 件次品，无放回地抽 3 次，每次取 1 件，求全是次品的概率。

解 设 A_i={第 i 次抽到次品}($i=1,2,3$),B={全是次品},则

$$P(A_1)=\frac{10}{100},P(A_2 \mid A_1)=\frac{9}{99},P(A_3 \mid A_1A_2)=\frac{8}{98},$$

$$\begin{aligned}P(B)&=P(A_1A_2A_3)=P(A_1)P(A_2 \mid A_1)P(A_3 \mid A_1A_2)\\&=\frac{10}{100}\times\frac{9}{99}\times\frac{8}{98}=\frac{2}{2695}。\end{aligned}$$

当然,此例也可用概率的古典定义来解,结果是一致的。

4.3.2 全概公式

例 4.15 市场供应的热水瓶中,甲厂产品占 60%,乙厂产品占 40%,甲厂产品的合格率为 90%,乙厂产品的合格率为 95%,求买到的热水瓶是合格品的概率。

解 设 A_1={买到甲厂产品},A_2={买到乙厂产品},B={买到合格品},则 $P(A_1)=60\%$,$P(A_2)=40\%$,$P(B|A_1)=90\%$,$P(B|A_2)=95\%$,

$$\begin{aligned}P(B)&=P(B\cap\Omega)=P[B\cap(A_1+A_2)]\\&=P(BA_1+BA_2)=P(BA_1)+P(BA_2)\\&=P(A_1)P(B \mid A_1)+P(A_2)P(B \mid A_2)\\&=0.6\times0.9+0.4\times0.95=0.92。\end{aligned}$$

例 4.15 中所采用的方法是概率论中颇为有用的一种方法,为了求得比较复杂事件的概率,往往可以先把它分解成两个(或若干个)互不相容的简单事件之并,求出这些简单事件的概率,再利用加法公式即得所要求的复杂事件的概率,把这个方法一般化,便得到下述定理。

定理 4.4 设事件 $A_1,A_2,\cdots,A_n$ 构成互不相容完备群,即

① $A_1,A_2,\cdots,A_n$ 互不相容;

② $A_1+A_2+\cdots+A_n=\Omega$,且 $P(A_i)>0\quad(i=1,2,\cdots,n)$,

则对任一事件 B,有

$$P(B)=\sum_{i=1}^{n}P(A_i)P(B \mid A_i)。\tag{4-10}$$

此式称为**全概公式**。

证明　因为 $B=B\Omega=B(A_1+A_2+\cdots+A_n)=BA_1+BA_2+\cdots+BA_n$，$A_1,A_2,\cdots,A_n$ 互斥，所以 $BA_1,BA_2,\cdots,BA_n$ 也互斥。

$$
\begin{aligned}
P(B)&=P(BA_1+BA_2+\cdots+BA_n)\\
&=P(BA_1)+P(BA_2)+\cdots+P(BA_n)\\
&=P(A_1)P(B\mid A_1)+P(A_2)P(B\mid A_2)+\cdots+P(A_n)P(B\mid A_n)\\
&=\sum_{i=1}^{n}P(A_i)P(B\mid A_i)。
\end{aligned}
$$

有时直接计算 $P(B)$ 比较困难时，可寻求一个完备事件组 $A_1,A_2,\cdots,A_n$，利用全概公式，即可求出 $P(B)$。全概公式是概率论中的一个基本公式。它将计算一个复杂事件的概率问题，转化为在不同情况下或不同原因下发生的简单事件的概率求和问题。

例 4.16　某仪器上有三个灯泡，烧坏第一、第二、第三个灯泡的概率分别为 0.1，0.2，0.3。当烧坏一个灯泡时，仪器发生故障的概率为 0.25，当烧坏两个灯泡时为 0.6，而烧坏三个灯泡时为 0.9，求仪器发生故障的概率。

解　设 $A_i=\{$恰有 i 个灯泡烧坏$\}(i=0,1,2,3)$，$B=\{$仪器发生故障$\}$，显然，A_0,A_1,A_2,A_3 构成完备事件组。

$$P(A_0)=(1-0.1)(1-0.2)(1-0.3)=0.504,\quad P(B\mid A_0)=0;$$

$$
\begin{aligned}
P(A_1)&=0.1\times(1-0.2)(1-0.3)+(1-0.1)\times0.2\times\\
&\quad(1-0.3)+(1-0.1)(1-0.2)\times0.3\\
&=0.398,
\end{aligned}
$$

$$P(B\mid A_1)=0.25;$$

$$
\begin{aligned}
P(A_2)&=0.1\times0.2\times(1-0.3)+0.1\times(1-0.2)\times\\
&\quad0.3+(1-0.1)\times0.2\times0.3\\
&=0.092,
\end{aligned}
$$

$$P(B\mid A_2)=0.6;$$

$$P(A_3)=0.1\times0.2\times0.3=0.006,$$

$$P(B\mid A_3)=0.9。$$

所以
$$
\begin{aligned}
P(B)&=P(A_1)P(B|A_1)+P(A_2)P(B|A_2)+P(A_3)P(B|A_3)\\
&=0.504\times0+0.398\times0.25+0.092\times0.6+0.006\times0.9\\
&=0.2087。
\end{aligned}
$$

4.3.3 逆概公式

利用全概公式,可以通过综合分析一事件发生的不同原因或情况及其可能性来求得该事件发生的概率。下面给出的贝叶斯公式则考虑与之完全相反的问题,即一事件已经发生,要考察引发该事件发生的各种原因或情况的可能性大小。

例 4.17 对于例 4.15,若已知买到的一个热水瓶是合格品,求这个合格品是甲厂生产的概率。

解 我们仍然沿用例 4.15 中的记号,所求概率为 $P(A_1|B)$。根据乘法公式

$$P(A_1B)=P(B)P(A_1\mid B),$$

根据全概公式

$$\begin{aligned}P(B)&=P(A_1)P(B\mid A_1)+P(A_2)P(B\mid A_2)\\&=\sum_{i=1}^{2}P(A_i)P(B\mid A_i),\end{aligned}$$

故

$$\begin{aligned}P(A_1\mid B)&=\frac{P(A_1B)}{P(B)}=\frac{P(A_1)P(B\mid A_1)}{\sum\limits_{i=1}^{2}P(A_i)P(B\mid A_i)}\\&=\frac{0.6\times 0.9}{0.6\times 0.9+0.4\times 0.95}\approx 0.587。\end{aligned}$$

把这道题的解法一般化,就可以得到逆概公式。

定理 4.5 逆概公式(贝叶斯公式) 设事件 $A_1,A_2,\cdots,A_n$ 构成互不相容完备群,则对任一事件 $B(P(B)\neq 0)$,有

$$P(A_i\mid B)=\frac{P(A_i)P(B\mid A_i)}{\sum\limits_{j=1}^{n}P(A_j)P(B\mid A_j)}\quad(i=1,2,\cdots,n)。\tag{4-11}$$

证明 因为

$$P(A_i\mid B)=\frac{P(A_iB)}{P(B)}=\frac{P(A_i)P(B\mid A_i)}{\sum\limits_{j=1}^{n}P(A_j)P(B\mid A_j)}\quad(i=1,2,\cdots,n)。$$

例 4.18　根据以往的临床记录，某种诊断癌症的试验具有以下的效果：若设 $A=\{$被诊断者患有癌症$\}$，$B=\{$试验反映为阳性$\}$，$P(B|A)=0.95$，$P(\overline{B}|\overline{A})=0.95$，现对一大批人进行癌症普查，设被试验的人中患有癌症的概率为 0.005，即 $P(A)=0.005$，试求 $P(A|B)$。

解　因为 A 与 $\overline{A}$ 构成完备事件组，由贝叶斯公式，所求概率

$$P(A\mid B)=\frac{P(AB)}{P(B)}=\frac{P(A)P(B\mid A)}{P(A)P(B\mid A)+P(\overline{A})P(B\mid \overline{A})}$$

$$=\frac{0.005\times 0.95}{0.005\times 0.95+(1-0.005)(1-0.95)}\approx 0.087。$$

可见，虽有 $P(B|A)=0.95$，但 $P(A|B)\approx 0.087$，这表明 $P(A|B)$ 与 $P(B|A)$ 的含义是有区别的。

4.4　事件的独立性与贝努里概型

4.4.1　事件的独立性

1. 两个事件的独立性

在上一节中我们知道了条件概率这个概念。在已知事件 A 发生的条件下，B 发生的可能性为条件概率 $P(B|A)=\dfrac{P(AB)}{P(A)}$，并由此得到了一般的概率乘法公式

$$P(AB)=P(A)P(B\mid A)。$$

现在可以提出一个问题，如果事件 B 发生与否不受事件 A 是否发生的影响，那么会出现什么样的情况呢？为此，需要把“事件 B 发生与否不受事件 A 是否发生的影响”这句话表达成数学的语言。事实上，事件 B 发生与否不受事件 A 是否发生的影响，也就是意味着有 $P(B|A)=P(B)$。这时乘法公式就有了更自然的形式

$$P(AB)=P(A)P(B)。$$

由此启示我们引入下述定义：

对任意的两个事件 A，B，若

$$P(AB)=P(A)P(B) \tag{4-12}$$

成立，则称事件 A,B 是**相互独立的**，简称为**独立**。

注：两事件互不相容与相互独立是完全不同的两个概念，它们分别从两个不同的角度表述了两事件间的某种联系。互不相容是表述在一次随机试验中两事件不能同时发生，而相互独立是表述在一次随机试验中一事件是否发生与另一事件是否发生有无影响。

例 4.19　从一副不含大小王的扑克牌中任取一张，记 $A=\{$抽到 $K\}$，$B=\{$抽到的牌是黑色的$\}$，问事件 A、B 是否独立？

解法一　利用定义判断。由

$$P(A)=\frac{4}{52}=\frac{1}{13},P(B)=\frac{26}{52}=\frac{1}{2},P(AB)=\frac{2}{52}=\frac{1}{26},$$

得 $P(AB)=P(A)P(B)$，故事件 A 与 B 独立。

解法二　利用条件概率来判断。由

$$P(A)=\frac{1}{13},\quad P(A|B)=\frac{2}{26}=\frac{1}{13},$$

得到 $P(A)=P(A|B)$，故事件 A 与 B 独立。

在概率论的实际应用中，人们常常利用直觉来肯定事件间的“相互独立”性，从而使问题和计算都得到简化。

定理 4.6（两个事件独立性的性质）　若事件 A 与 B 相互独立，则下列各对事件：$\bar{A}$ 与 B，A 与 $\bar{B}$，$\bar{A}$ 与 $\bar{B}$ 也相互独立。

证明　因为 $A=A\Omega=A(B+\bar{B})=AB+A\bar{B}$，而 AB 与 $A\bar{B}$ 互不相容，所以

$$\begin{aligned}P(A)&=P(AB+A\bar{B})=P(AB)+P(A\bar{B}),\\P(A\bar{B})&=P(A)-P(AB)=P(A)-P(A)P(B)\\&=P(A)[1-P(B)]=P(A)P(\bar{B}),\end{aligned}$$

从而 A 与 $\bar{B}$ 相互独立。

同理可证：$\bar{A}$ 与 B，$\bar{A}$ 与 $\bar{B}$ 也相互独立。

所以在以上四对事件中，只要已知一对事件相互独立，则其他三对事件也相互独立。

例 4.20　甲、乙同时向一敌机炮击，已知甲击中敌机的概率为 0.6，乙击中敌机的概率为 0.5，求敌机被击中的概率。

解 设 $A=\{$敌机由甲击中$\}$，$B=\{$敌机由乙击中$\}$，$C=\{$敌机被击中$\}$，则 $C=A\cup B$，所求概率为

$$P(C)=P(A\cup B)=P(A)+P(B)-P(AB),$$

因为 A 与 B 相互独立(甲、乙击中与否相互不影响)，所以

$$P(AB)=P(A)P(B),$$

$$P(C)=P(A\cup B)=P(A)+P(B)-P(A)P(B)$$
$$=0.6+0.5-0.6\times0.5=0.8。$$

2. 三个事件的独立性

两个事件的独立性有如下推广：

若事件 A,B,C 满足：$P(AB)=P(A)P(B)$，$P(AC)=P(A)P(C)$，$P(BC)=P(B)P(C)$，则称事件 A,B,C **两两相互独立**；又若满足 $P(ABC)=P(A)P(B)P(C)$，则称事件 A,B,C(**总起来**)**是相互独立的**。

这里要注意的是，两两相互独立的事件，总起来不一定是相互独立的。

一般地，设 $A_1,A_2,\cdots,A_n$ 是 n 个事件，如果对于任意的 $k(1<k\leqslant n)$ 和任意的一组 $1\leqslant i_1<i_2<\cdots<i_k\leqslant n$，都有等式

$$P(A_{i_1}A_{i_2}\cdots A_{i_k})=P(A_{i_1})P(A_{i_2})\cdots P(A_{i_k})$$

成立，则称 $A_1,A_2,\cdots,A_n$ 是 n 个**相互独立的事件**。

当有限个事件 $A_1,A_2,\cdots,A_n$ 相互独立时，有

$$P(A_1A_2\cdots A_n)=P(A_1)P(A_2)\cdots P(A_n)。$$

例 4.21 加工某一零件共需经过三道工序，设第一、第二、第三道工序的次品率分别为 2%，3%，5%，假定各道工序是互不影响的，求加工出来的零件的次品率。

解法一 设 $A_i=\{$第 i 道工序出次品$\}(i=1,2,3)$，$B=\{$零件是次品$\}$，则 $B=A_1\cup A_2\cup A_3$，所以

$$P(B)=P(A_1\cup A_2\cup A_3)$$
$$=P(A_1)+P(A_2)+P(A_3)-P(A_1A_2)-P(A_1A_3)-P(A_2A_3)+P(A_1A_2A_3)。$$

因为 $P(A_1)=0.02$，$P(A_2)=0.03$，$P(A_3)=0.05$，又各道工序相互独

立,所以

$$P(A_1A_2)=P(A_1)P(A_2)=0.0006,$$
$$P(A_1A_3)=P(A_1)P(A_3)=0.001,$$
$$P(A_2A_3)=P(A_2)P(A_3)=0.0015,$$
$$P(A_1A_2A_3)=P(A_1)P(A_2)P(A_3)=0.00003,$$

所以所求概率

$$P(B)=0.02+0.03+0.05-0.0006-0.0015-0.001+0.00003$$
$$=0.09693。$$

解法二 事件的假设方法与方法一相同。

因为 $B=A_1\cup A_2\cup A_3$,所以

$$\overline{B}=\overline{A_1\cup A_2\cup A_3}=\overline{A}_1\overline{A}_2\overline{A}_3,$$

又 A_1,A_2,A_3 相互独立,所以 $\overline{A}_1,\overline{A}_2,\overline{A}_3$ 也相互独立,因此

$$P(\overline{B})=P(\overline{A}_1\cdot\overline{A}_2\cdot\overline{A}_3)=P(\overline{A}_1)P(\overline{A}_2)P(\overline{A}_3)$$
$$=(1-0.02)(1-0.03)(1-0.05)=0.90307,$$

所以

$$P(B)=1-P(\overline{B})=1-0.90307=0.09693。$$

可见,方法二比方法一简单。

4.4.2 贝努里概型

现在用事件的独立性来研究一类问题。

如果我们一次抛掷 n 枚相同的硬币,要求"恰好出现 k 个正面"这一事件的概率 $P_n(k)$。这样一个"一次抛掷 n 枚相同的硬币"的随机试验,可以用另一种等价的方式来进行:每次抛掷一枚硬币,共抛掷 n 次。容易理解,这 n 次抛掷的结果是相互独立的,因而如果把相同条件下抛掷一枚硬币看作是一次试验,就意味着这 n 次试验是相互独立的。这里所谓"试验是相互独立的",意思就是说试验的结果是相互独立的。

一般地说,在相同条件下进行 n 次试验,若各次试验的结果互不影响,则称这 n 次试验为**重复独立试验**;又如果在这 n 次试验中,每次试验只能有两个结果 A 和 $\overline{A}$,即

$$P(A)=p,P(\overline{A})=1-p=q\quad(0<p<1),$$

则称这 n 次试验为 n **重贝努里**(Bernoulli)**试验**，有时简称为**贝努里试验**或**贝努里概型**。

注：n 重贝努里试验是一种很重要的数学模型，在实际问题中具有广泛的应用。其特点是：事件 A 在每次试验中发生的概率均为 p，且不受其他各次试验中 A 是否发生的影响。

定理 4.7　设在贝努里试验中，事件 A 每次发生的概率为 $p(0<p<1)$，则在 n 重贝努里试验中事件 A 恰好发生 k 次的概率(记作 $P_n(k)$)

$$P_n(k)=C_n^k p^k(1-p)^{n-k}$$
$$=C_n^k p^k q^{n-k}\quad(0<p<1,q=1-p,k=0,1,\cdots,n)。\tag{4-13}$$

证明　由乘法公式及事件的独立性知，在 n 次试验中，事件 A 在指定的 k 次(例如前 k 次)，而在其余的 $n-k$ 次中不发生的概率为 p^kq^{n-k}，所以事件 A 在 n 次试验中恰好发生 k 次的概率为

$$C_n^k p^k q^{n-k},$$

即

$$P_n(k)=C_n^k p^k q^{n-k}。$$

因为 $C_n^k p^k q^{n-k}$ 正好是 $(p+q)^n$ 二项展开式的一般项，故上述公式也称为**二项概率公式**。显然有

$$\sum_{k=0}^{n} C_n^k p^k q^{n-k}=(p+q)^n=1。$$

例 4.22　设某人打靶，命中率为 0.7，现重复独立地射击 5 次，求恰好命中 2 次的概率。

解　所求概率为

$$P_5(2)=C_5^2(0.7)^2(0.3)^3\approx 0.1323。$$

例 4.23　有 100 件产品，其中 90 件正品，10 件次品，现在

① 有放回地抽取 4 次，每次 1 件；

② 无放回地抽取 4 次，每次 1 件。

求恰好抽到 3 件次品的概率。

解　① 所求概率为

$$P_4(3)=C_4^3(0.1)^3(0.9)^1=0.0036。$$

② 不属于贝努里概型，由古典概型，所求概率为

$$p=\frac{C_{10}^{3}C_{90}^{1}}{C_{100}^{4}}\approx 0.0028。$$

从以上的计算结果可以看出，两者的概率相差不大。当产品的批量很大时，两者的差距还会更小，所以此时可把“无放回”近似看作“有放回”来处理。

例 4.24 某型号高射炮，每门炮发射一发炮弹击中飞机的概率为 0.6，现若干门炮同时各发射一发，问：欲以 99% 的把握集中一架来犯的敌机至少需配几门炮？

解 设需要配置 n 门炮。因为 n 门炮是各自独立发射的，因此，该问题可以看做 n 重贝努力试验。

设 $A=\{$高炮击中飞机$\}$，$B=\{$敌机被击落$\}$，问题归结为求满足下面不等的 n：

$$P(B)=\sum_{k=1}^{N}C_n^k 0.6^k\cdot 0.4^{n-k}\geqslant 0.99,$$

由 $$P(B)=1-P(\overline{B})=1-0.4^n\geqslant 0.99，或\ 0.4^n\leqslant 0.01$$

解得 $$n\geqslant\frac{\lg 0.01}{\lg 0.4}\approx 5.03$$

至少应配置 6 门炮才能达到要求。

另外，需要指出的是，当 p 很小而 n 很大时，用贝努里概型计算公式计算时会很麻烦，此时可以用泊松近似公式来简化计算：

$$P_n(k)\approx\frac{\lambda^k}{k!}e^{-\lambda},$$

其中 $\lambda=np$。

例 4.25 设每次射击击中目标的概率为 0.001，若射击 5 000 次，求“恰有 1 次击中”的概率。

解 所求概率为

$$P_{5000}(1)=C_{5000}^{1}(0.001)^1(0.999)^{4999},$$

计算非常麻烦，故用泊松近似公式来计算：

$$P_{5000}(1)\approx\frac{(5000\times 0.001)^1}{1!}e^{-5000\times 0.001}=5e^{-5}\approx 0.0337。$$

小　结

本章的中心内容就是概率和概率的计算，由于这里的概率是指随机事件的概率，因此，本章给出了随机试验、随机事件的概念、概率的统计定义、古典概率、条件概率、贝努里概型等概念和概率的运算——加法公式、乘法公式、全概公式、逆概公式等几个计算公式。学习本章内容时，应该抓住以下三个方面：首先掌握好随机事件的概念与运算；其次很好地理解概率的意义；最后用概率的概型或公式去计算概率。

习题4

1. 设 A,B,C 表示三个随机事件，试将下列事件用 A,B,C 表示出来：

① 仅 A 发生；

② A,B,C 都发生；

③ A,B,C 都不发生；

④ A 不发生，且 B,C 中至少有一事件发生；

⑤ A,B,C 中至少有一事件发生；

⑥ A,B,C 中恰有一事件发生；

⑦ A,B,C 中至少有两事件发生。

2. 随机抽取三件产品，设 A 表示“三件中至少有一件是废品”；B 表示“三件中至少有两件是废品”；C 表示“三件都是正品”。问 $\overline{A},\overline{B},\overline{C},A+B,AC$ 各表示什么事件？

3. 袋中有10个零件，其中6件一等品，4件二等品，今无放回地抽取三次，每次取一件。若用 A_i 表示“第 i 次抽取到一等品”$(i=1,2,3)$，问如何表示以下各事件：

① 三件都是一等品；

② 三件都是二等品；

③ 按抽取顺序，前两件为一等品，最后一件为二等品；

④ 不计顺序，所取三件中，有两件一等品，一件二等品。

4. 从一副扑克的 52 张牌中任取两张，求：

① 都是红桃的概率；

② 恰有一张黑桃，一张红桃的概率。

5. 36 件产品中有 4 件次品，今随机抽取 3 件，求：

① 恰有一件次品的概率；

② 至少有一件次品的概率。

6. 某单位订阅甲、乙、丙三种报纸，据调查，职工中 40%读甲报，26%读乙报，24%读丙报，8%兼读甲、乙报，5%兼读甲、丙报，4%兼读乙、丙报，2%兼读甲、乙、丙报。现从职工中随机抽查一人，问该人至少读一种报纸的概率是多少？不读报的概率是多少？

7. 已知 $P(A)=0.2, P(B)=0.45, P(AB)=0.15$，求：

① $P(A\overline{B}), P(\overline{A}B), P(\overline{A}\overline{B})$；

② $P(A+B), P(\overline{A}+B), P(\overline{A}+\overline{B})$；

③ $P(A|B), P(B|A), P(A|\overline{B})$。

8. 在秋菜运输中，某汽车可能到甲、乙、丙三地去拉菜，设到此三地拉菜的概率分别为 0.2，0.5，0.3，而在各处拉到一级菜的概率分别为 0.1，0.3，0.7。

① 求汽车拉到一级菜的概率

② 已知汽车拉到一级菜，求该车菜是乙地拉来的概率。

9. 甲盒中有两只白球，一只黑球，乙盒中有一只白球，五只黑球。求从甲盒中任取一球投入乙盒后，随机地从乙盒中取出一球而恰为白球的概率。

10. 三个人独立地破译一个密码，他们译出的概率分别为 $\frac{1}{5}, \frac{1}{3}, \frac{1}{4}$，问能将此密码译出的概率是多少？

11. 电路由电池 a 及两个并联的电池 b, c 串联而成，如图所示。设电池 a, b, c 损坏的概率分别为 0.3，0.2，0.2，求电路断电的概率。

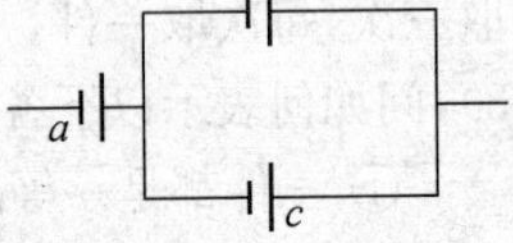

习题 11(图)

12. 电子计算机内装有 2000 个同样的电子管，每一电子管损坏的概率为 0.0005，如果任意电子管损坏时，计算机即停止工作，求计算机停止工作的概率。

自测题 4

一、填空题

1. 设 A,B,C 为三个事件，试用 A,B,C 的运算关系表述下述事件：

① $\{A,B$ 中至少出现一个，C 不出现$\}=$__________。

② $\{A,B,C$ 都不出现$\}=$__________。

③ $\{A$ 出现，B,C 至少一个不出现$\}=$__________。

2. 若 $A+B=\Omega, AB=\varnothing$，则 A 是 B 的__________，$P(A)=$__________。

3. 若 $P(A|B)=P(A)$，则 $P(B|\overline{A})=$__________。

4. 设 $P(A)=\frac{1}{2}, P(B)=\frac{1}{3}, P(B|A)=\frac{1}{2}$，则 $P(A+B)=$__________。

5. 已知产品的合格率为 90%，一级品率是 72%，那么合格品中的一级品率是__________。

二、选择题

1. 掷两颗均匀的骰子，出现“点数和为 3”的概率为(　)。

A. $\frac{1}{6}$　　B. $\frac{1}{6}\times\frac{1}{6}$

C. $\frac{1}{6}+\frac{1}{6}$　　D. $\frac{1}{36}+\frac{1}{36}$

2. 据统计，某地区一年中下雨(记为事件 A)的概率是 $\frac{4}{15}$，刮风(记为事件 B)的概率是 $\frac{2}{15}$，既刮风又下雨的概率是 $\frac{1}{10}$，则下列格式正确的是(　)。

A. $P(AB)=\frac{2}{15}$　　B. $P(A|B)=\frac{1}{2}$

C. $P(B|A)=\frac{1}{4}$　　D. $P(A+B)=\frac{3}{10}$

3. A,B 为两任意事件,则 $P(A+B)=$(　)。

A. $P(A)+P(B)$　　B. $P(A)+P(B)-P(A)P(B)$

C. $P(A)+P(B)-P(AB)$　　D. $P(A)+P(B)[1-P(A)]$

4. 若事件 A,B 满足 $AB=\varnothing$,则下列结论不正确的是(　)。

A. A 与 B 互不相容　　B. $P(A)+P(B)=P(A+B)$

C. $P(AB)=0$　　D. A 与 B 相互独立

三、是非判断题

1. 事件 A,B 满足运算律$\overline{AB}=\overline{A}\overline{B}$。(　)

2. 从图书馆的书架上随机取下一本书,记 $A=\{$数学书$\}$,$B=\{$中文书$\}$,则事件 $A\overline{B}$ 表示外文版数学书。(　)

3. 如果事件 $A+B=\Omega$,则 A,B 互为对立事件。(　)

4. 已知 $P(A)=0.5$,$P(B)=0.4$,则 $P(AB)=0.5\times0.4$。(　)

5. 若事件 A 与 B 互相独立,则 $\overline{A}$ 与 $\overline{B}$ 也相互独立。(　)

四、计算题

1. 设袋中有三个球,编号为 1,2,3,从中任意摸出一个球观察号码,设 A 表示"摸到球的号码小于 3",B 表示"摸到球的号码是奇数",C 表示"摸到球的号码是 3",试问:

① 样本空间 Ω 是什么?

② A 与 B,A 与 C,B 与 C 是否互不相容?

③ A,B,C 的对立事件分别是什么?

④ A 与 B 的和事件是什么?差事件是什么?积事件是什么?

2. 从分别写着 1、2、3、4、5 的 5 张数字卡片中任取 3 张排成三位数,求下列事件的概率:

① 该三位数小于 400；

② 该三位数是偶数；

③ 该三位数是 5 的倍数。

3. 制造某产品需经两道工序，设经第一道工序加工后制成的半成品的质量有上、中、下三种可能，它们的概率分别为 0.7，0.2，0.1，这三种质量的半成品经第二道工序加工而成合格品的概率分别为 0.8，0.7，0.1，求经过两道工序的加工而得到合格品的概率。

4. 甲袋中有 4 只红球，6 只白球；乙袋中有 6 只红球，10 只白球。现从两袋中各任取一球，试求两球颜色相同的概率。

5. 设甲乙两射手各自独立地向目标射击一次，已知他们的命中率分别为 0.9 和 0.95，求目标被击中的概率。

6. 某批产品中有 20% 的次品，做放回重复抽样检查，共取 5 件样品。求这 5 件样品中至少有 2 件次品的概率。

第5章 随机变量及其数字特征

内容提要:本章引入了一个新的概念——随机变量。随机变量主要分为离散型随机变量和连续型随机变量,对于离散型随机变量要理解它的概率分布律,对于连续型随机变量要理解它的概率密度函数。无论离散型随机变量还是连续型随机变量,分布函数都是反映其分布规律的重要函数。除此之外还要了解一些常用的分布,尤其要熟练掌握二项分布和正态分布,因为这两种分布具有广泛的应用。

分布律、概率密度函数、分布函数可以全面地反映随机变量的分布规律,但有时用数字特征可以更方便地反映随机变量在某一方面的特性,主要应掌握数学期望和方差这两种数字特征。本章还介绍了常见分布的数学期望和方差。

5.1 随机变量

5.1.1 随机变量的概念

我们在第一章学习了随机事件,知道了随机事件是指随机试验中可能发生也可能不发生的事件,用它可以粗略地描述随机现象。为了更加深入地研究随机试验的结果,揭示客观存在的统计规律性,还需要引入另一个重要概念:随机变量。

那么什么是随机变量呢? 为了理解随机变量的概念,请先看以下3个例子。

例5.1 在10个同类型产品中,有3件次品,现任取2件,如用一个变量X表示"2件中的次品数",$X=0,1,2$,则$X=0$,$X=1$,$X=2$分别表示了一个随机事件。

例5.1 某射击运动员射击一次的命中率为$p=0.8$,现连续向一个目标射击，直到首次击中目标为止。变量 Y 表示射击次数，则 Y 所有可能取值为 1,2,……，Y 取每个值都表示一个随机事件。

例 5.2　测试电灯的使用寿命，变量 Z 表示其使用寿命（小时），则 Z 可在 $[0,+\infty)$ 取值。Z 取落在任意一个区间 $[a,b]$ $(b\geqslant a\geqslant 0)$ 都表示一个随机事件。

上述 3 例中的变量 X,Y,Z 都具有这样的特点：

① 它们的取值随试验结果而定，试验前并不知道会取到哪个值；

② 试验前知道它所有可能的取值；

③ 每取到一个值，都对应有一个随机事件发生，其概率大小是确定的。

这样的变量就称为随机变量。

有了随机变量这个概念之后，就可以用它来表示随机事件，比如例 5.1中“抽得两件次品”这个事件就可以用 $\{X=2\}$ 来表示。又如例 5.3 中“电灯使用寿命不超过 5 000 小时”这个时间就可以用 $\{0\leqslant Z\leqslant 5\,000\}$ 来表示。

思考一下：掷一枚质地均匀的硬币，如何用随机变量表示“正面朝上”和“反面朝上”这两个事件呢？

根据随机变量可能取得的值，可以把它们分为两种基本类型：离散型随机变量和非离散型随机变量（其中主要是指连续型随机变量）。

5.1.2　离散型随机变量及其分布律

有一类随机变量，它的全部可能取值是有限个或可数多个，则称这类随机变量为离散型随机变量。

如例 5.1 中的随机变量 X 和例 5.2 中的随机变量 Y 就是离散型随机变量，对于离散型随机变量不仅要知道它所有可能的取值，而且更重要的是要知道它取相应每一个值的概率，为此我们引进如下概念：

定义 5.1　(1)设离散型随机变量 X 的所有可能取值为 x_k $(k=1,2,\cdots)$，它相应的概率为

$$p_k = P(X = x_k) \quad (k = 1,2,\cdots), \tag{5-1}$$

则式(5-1)称为离散型随机变量 X 的概率分布律或概率分布列。其中

p_k 满足性质：

① $p_k \geqslant 0 \quad (k=1,2,\cdots)$；

② $\sum_k p_k = 1$。

(2) 因为 $\{X=x_1\} \cup \{X=x_2\} \cup \cdots$ 是必然事件，且 $\{X=x_i\} \cap \{X=x_j\} = \varnothing, i \neq j$，所以

$$P[\bigcup_k \{X = x_k\}] = \sum_k p_k = 1。$$

通常也可以采取以下表格的形式来直观地表示离散型随机变量 X 的概率分布律

X	x_1	x_2	$\cdots$	x_k	$\cdots$
$P(X=x_k)$	p_1	p_2	$\cdots$	p_k	$\cdots$

例 5.3 分别写出例 5.1 和例 5.2 中随机变量的概率分布律。

解 例 5.1 中 $X=0,1,2$，其概率分布律为

$$P(X=0) = \frac{C_3^0 C_7^2}{C_{10}^2} = \frac{7}{15}, P(X=1) = \frac{C_3^1 C_7^1}{C_{10}^2} = \frac{7}{15},$$

$$P(X=2) = \frac{C_3^2 C_7^0}{C_{10}^2} = \frac{1}{15},$$

或

X	0	1	2
P	7/15	7/15	1/15

例 5.2 中 Y 的所有可能取值为 $Y=1,2,\cdots$，其概率分布律为

$$P(X=k) = 0.2^{k-1} \times 0.8 \quad (k=1,2,\cdots)$$

或

X	1	2	3	$\cdots$	k	$\cdots$
P	0.8	0.2×0.8	$0.2^2 \times 0.8$	$\cdots$	$0.2^{k-1} \times 0.8$	$\cdots$

例 5.4 袋中有 1 个白球和 4 个黑球，每次任取 1 球，直至取到白球为止。若每次取出的黑球不再放回，求取球次数 X 的概率分布律。

解　取球次数 X 所有可能取值为 1,2,3,4,5,其概率分布律为

X	1	2	3	4	5
P	1/5	1/5	1/5	1/5	1/5

例 5.5　设某随机变量 X 具有概率分布律

X	-1	1	3
P	0.5	c	$3c^2-0.5c$

求常数 c。

解　由性质(2)知 $\sum\limits_{k=1}^{3} p_k = 0.5 + c + 3c^2 - 0.5c = 1$，解得 $c=\frac{1}{3}$ 或$-\frac{1}{2}$,又由性质(1)知 $c>0,3c^2-0.5c>0$,故 $c=\frac{1}{3}$。

下面介绍几种常见的离散型分布：

1. 两点分布

若一个随机变量 X 只有 0 和 1 两个取值,其概率分布律为

X	0	1
P	q	p

其中 $0<p<1,q=1-p$,则称 X 服从两点分布或 0—1 分布。

例 5.6　抛一枚质地均匀的硬币,求正面朝上的次数的概率分布律。

解　用随机变量 X 表示正面朝上的次数,则所有可能取值为 0 和 1 两个,其中 $X=0$ 表示事件“正面朝上 0 次”即“反面朝上”,$X=1$ 表示“正面朝上 1 次”即“正面朝上”,其概率分布律为

X	0	1
P	0.5	0.5

2. 泊松(Poisson)分布

若随机变量 X 的概率分布律为

$$P(X=k)=\frac{\lambda^k}{k!}e^{-\lambda} \quad (k=0,1,2,\cdots;\lambda>0), \tag{5-2}$$

则称 X 服从参数为 λ 的泊松分布，记 $X\sim P(\lambda)$。

3. 二项分布

将在第 5.3 节中作详细介绍。

5.1.3 连续型随机变量及其概率密度

如果随机变量的取值不能一一列举，则该随机变量称为非离散型随机变量，其中主要是连续型随机变量，如例 5.3 中的灯泡使用寿命 Z 就是一个连续型随机变量，它在 $[0,+\infty)$ 连续取值。

对于连续型随机变量 X，不能用离散型的概率分布律来描述其规律，必须考虑随机变量 X 落在某个区间 $[a,b]$ 内的概率 $P(a\leqslant X\leqslant b)$，为此我们来引入概率密度函数的概念。

定义 5.2 设随机变量 X，如果存在非负可积函数 $\varphi(x)(-\infty<x<+\infty)$，使得对任意实数 $a<b$，都有

$$P(a\leqslant X\leqslant b)=\int_a^b\varphi(x)\mathrm{d}x, \tag{5-3}$$

则称 X 为连续型随机变量，称 $\varphi(x)$ 为 X 的概率密度函数（简称概率密度或密度）。

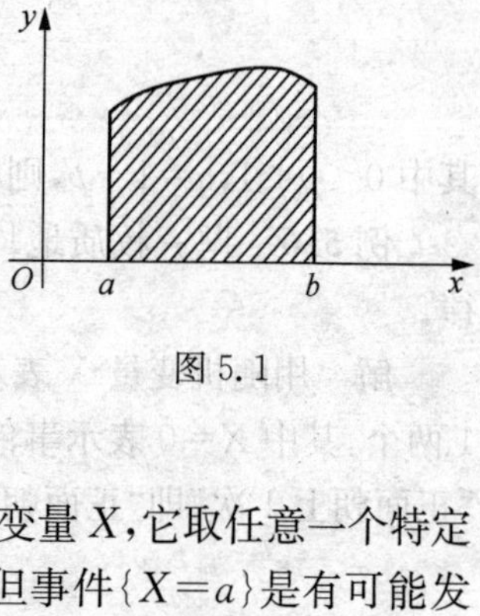

图 5.1

$P(a\leqslant X\leqslant b)=\int_a^b\varphi(x)\mathrm{d}x$ 的几何意义是：随机变量 X 落在某个区间 $[a,b]$ 内的概率 $P(a\leqslant X\leqslant b)$ 恰好等于曲线 $\varphi(x)$ 与 $x=a,x=b$ 以及 x 轴所围曲边梯形的面积，如图 5.1 所示。

由上述定义可以得出，对于连续型随机变量 X，它取任意一个特定常数 a 的概率必定为零，即 $P(X=a)=0$，但事件 $\{X=a\}$ 是有可能发生的。所以需要注意，不可能事件的概率一定等于零，而概率为零的事件并不一定是不可能事件。

由 $P(X=a)=0$，我们可以得出以下四个概率皆相等：

$$P(a<\xi<b)=P(a<\xi\leqslant b)=P(a\leqslant\xi<b)=P(a\leqslant\xi\leqslant b)。$$

由概率密度函数的定义，可以得到概率密度函数的性质：

(1) $\varphi(x)\geqslant 0$；

(2) $\int_{-\infty}^{+\infty}\varphi(x)\mathrm{d}x=1$。

可以证明，满足以上两个条件的任一函数均可作为某一随机变量的概率密度函数。

例 5.7　设随机变量 X 的概率密度函数是

$$\varphi(x)=\begin{cases}Ax^2 & (0<x<1),\\ 0 & (\text{其他}),\end{cases}$$

试求：

① A；

② X 落在区间 $\left(-\frac{1}{2},\frac{1}{2}\right)$ 内的概率。

解　① 由性质 $\int_{-\infty}^{+\infty}\varphi(x)\mathrm{d}x=1$，得

$$\int_{-\infty}^{+\infty}\varphi(x)\mathrm{d}x=\int_0^1 Ax^2\mathrm{d}x=\frac{A}{3}x^3\Big|_0^1=\frac{A}{3}=1,$$

所以 $A=3$。

② $P\left(-\frac{1}{2}<X<\frac{1}{2}\right)=\int_{-\frac{1}{2}}^{\frac{1}{2}}\varphi(x)\mathrm{d}x=\int_0^{\frac{1}{2}}3x^2\mathrm{d}x=x^3\Big|_0^{\frac{1}{2}}=\frac{1}{8}$。

例 5.8　某种型号器件的寿命 X(小时)具有以下的概率密度：

$$f(x)=\begin{cases}\dfrac{1000}{x^2} & (x\geqslant 1000),\\ 0 & (\text{其他}).\end{cases}$$

现有一大批此种器件(各器件损坏相互独立)，任取 5 只，问其中至少有 2 只寿命大于 1500 小时的概率是多少？

解　任取该器件一只，其寿命大于 1500 小时的概率为

$$p=\int_{500}^{+\infty}\frac{1000}{x^2}\mathrm{d}x=-\frac{1000}{x}\Big|_{1500}^{+\infty}=\frac{2}{3}$$

任职 5 只这种产品，其中寿命大于 1500 小时的只数记为 X，则满足贝努里概型，所以概率为

$$P\{X\geqslant 2\}=1-P\{X=0\}-P\{X=1\}$$

$$=1-\left(1-\frac{2}{3}\right)^5-C_5^1\left(1-\frac{2}{3}\right)^4=\frac{232}{243}。$$

下面介绍几种常见的连续型分布：

1. 均匀分布

若随机变量 X 的概率密度函数

$$\varphi(x)=\begin{cases}\dfrac{1}{b-a} & (a\leqslant x\leqslant b),\\ 0 & (其他),\end{cases}$$

则称 X 服从 $[a,b]$ 上的均匀分布，记作 $X\sim U(a,b)$。

例 5.9 某公共汽车站每隔 10 分钟有一班车，若某乘客不知道发车时刻表，则他候车时间为 2 到 6 分钟的概率为多大？

解 设随机变量 X 表示候车时间，因为乘客在任一时刻到达车站都是等可能的，则 X 服从区间 $[0,10]$ 上的均匀分布，即 $X\sim U(0,10)$，概率密度函数

$$\varphi(x)=\begin{cases}\dfrac{1}{10} & (0\leqslant x\leqslant 10),\\ 0 & (其他),\end{cases}$$

则他候车时间为 2 到 6 分钟的概率为

$$P(2<X<6)=\int_2^6\varphi(x)\mathrm{d}x=\int_2^6 0.1\mathrm{d}x=0.4。$$

2. 指数分布

若随机变量 X 的概率密度函数

$$\varphi(x)=\begin{cases}\lambda \mathrm{e}^{-\lambda x} & (x>0,\lambda>0),\\ 0 & (x\leqslant 0),\end{cases}$$

则称 X 服从参数为 λ 的指数分布。

例 5.10 设随机变量 X 的概率密度函数

$$\varphi(x)=\begin{cases}k\mathrm{e}^{-3x} & (x>0),\\ 0 & (x\leqslant 0),\end{cases}$$

求 $P(X>0.1)$。

解 首先要确定常数 k 的值，由性质 $\int_{-\infty}^{+\infty}\varphi(x)\mathrm{d}x=1$，可知

$$\int_{-\infty}^{+\infty}\varphi(x)\mathrm{d}x=\int_{0}^{+\infty}k\mathrm{e}^{-3x}\mathrm{d}x=-\frac{k}{3}\mathrm{e}^{-3x}\Big|_{0}^{+\infty}=\frac{k}{3}=1,$$

所以 $k=3$,则

$$P(X>0.1)=\int_{0.1}^{+\infty}\varphi(x)\mathrm{d}x=\int_{0.1}^{+\infty}3\mathrm{e}^{-3x}\mathrm{d}x$$
$$=-\mathrm{e}^{-3x}\Big|_{0.1}^{+\infty}=\mathrm{e}^{-0.3}=0.7408。$$

3. 正态分布

将在第 5.3 节中作详细介绍。

5.2　分布函数

5.2.1　分布函数的概念

定义 5.3　设 X 是一个随机变量,x 是任意实数,称函数

$$F(x)=P(X<x)\quad(-\infty<x<+\infty)$$

为随机变量 X 的分布函数。

分布函数的性质:

① $0\leqslant F(x)\leqslant 1$,即 $F(x)$ 是一个定义域为整个实轴、值域为区间 $[0,1]$ 的普通函数。

② $P(x_1\leqslant X<x_2)=F(x_2)-F(x_1)$,因 $F(x)$ 在 x_0 处的函数值 $F(x_0)$ 在几何上表示随机点 X 落在区间 $(-\infty,x_0)$ 内的概率,故对任意两实数 x_1,x_2(设 $x_1<x_2$),有

$$P(x_1\leqslant X<x_2)=P(X<x_2)-P(X<x_1)$$
$$=F(x_2)-F(x_1),\tag{5-4}$$

如图 5.2 与图 5.3 所示。

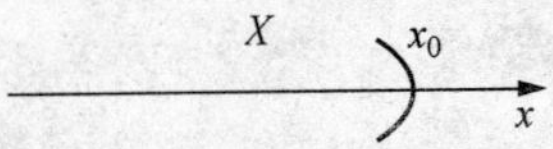

图 5.2

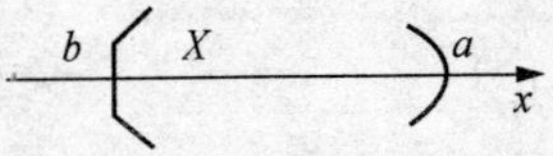

图 5.3

若知道 X 的分布函数 $F(x)$,就可以知道 X 落在任一区间 $[x_1,x_2)$

内的概率。

③ $F(x)$是 X 的非减函数，即对 $x_1<x_2$，有 $F(x_1)\leqslant F(x_2)$。因为事件$\{X<x_1\}\subset\{X<x_2\}$，所以 $P(X<x_1)\leqslant P(X<x_2)$，即$F(x_1)\leqslant F(x_2)$。

④ $\lim\limits_{x\to+\infty}F(x)=1$，记作 $F(+\infty)=1$，$\lim\limits_{x\to-\infty}F(x)=0$，记作 $F(-\infty)=0$。

5.2.2 离散型随机变量的分布函数

设离散型随机变量 X 的所有可能取值为 $x_k(k=1,2,\cdots)$，则 X 的分布函数

$$F(x)=P(X<x)=\sum_{x_k<x}P(X=x_k)。$$

例 5.11 一个袋中装了 6 个球，依次标的数字为$-1,2,2,2,3,3$。现从中任取一球，设取得的球上标有的数字 X 是一随机变量，求 X 的分布函数。

解 X 的可能值为$-1,2,3$。

当 $x\leqslant-1$ 时，$F(x)=P(X<x)=0$(因$\{X<x\}$为不可能事件)；

当$-1<x\leqslant2$ 时，$F(x)=P(X<x)=P(X=-1)=\frac{1}{6}$(因事件$\{X<x\}$即$\{X=-1\}$)；

当 $2<x\leqslant3$ 时，$F(x)=P(X<x)=P(X=-1)+P(X=2)=\frac{1}{6}+\frac{3}{6}=\frac{2}{3}$(因事件$\{X<x\}$即$\{X=-1\}+\{X=2\}$)；

当 $x>3$ 时，$F(x)=P(X<x)=1$(因$\{X<x\}$为必然事件)，或 $F(x)=P(X<x)=P(X=-1)+P(X=2)+P(X=3)=\frac{1}{6}+\frac{3}{6}+\frac{2}{6}=1$.

综上，所求随机变量 X 的分布函数

$$F(x)=\begin{cases}0 & (-\infty<x\leqslant-1),\\ \dfrac{1}{6} & (-1<x\leqslant 2),\\ \dfrac{2}{3} & (2<x\leqslant 3),\\ 1 & (3<x\leqslant+\infty),\end{cases}$$

它的图形呈阶梯型，如图 5.4 所示。

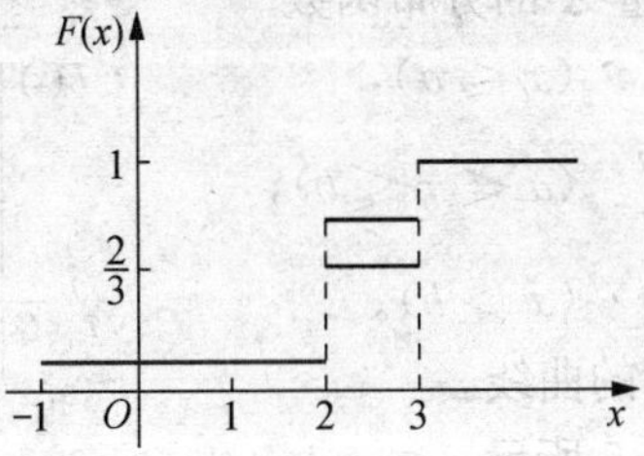

图 5.4

5.2.3　连续型随机变量的分布函数

若连续型随机变量 X 的概率密度为 $\varphi(x)$，则 X 的分布函数

$$F(x)=P(X<x)=P(-\infty<X<x)=\int_{-\infty}^{x}\varphi(t)\,\mathrm{d}t,$$

即分布函数 $F(x)$ 等于概率密度函数 $\varphi(x)$ 在区间 $(-\infty,x)$ 上的广义积分。而 $\varphi(x)=F'(x)$，所以连续型随机变量的概率密度函数 $\varphi(x)$ 是分布函数 $F(x)$ 的导函数，而分布函数 $F(x)$ 是概率密度函数 $\varphi(x)$ 的一个原函数。因此，若已知连续型随机变量的分布函数或概率密度函数中的任意一个，便可求出另一个。

例 5.12　设随机变量 X 的概率密度是

$$\varphi(x)=\begin{cases}\dfrac{1}{b-a} & (a\leqslant x<b),\\ 0 & (\text{其他}),\end{cases}$$

求 X 的分布函数 $F(x)$。

解　$F(x)=\int_{-\infty}^{x}\varphi(t)\,\mathrm{d}t$。

当 $x\leqslant a$ 时，$F(x)=0$；

当 $a<x\leqslant b$ 时，有 $F(x)=\int_{-\infty}^{x}\varphi(t)\mathrm{d}t=\int_{-\infty}^{a}0\mathrm{d}t+\int_{a}^{x}\frac{1}{b-a}\mathrm{d}t=\frac{x-a}{b-a}$；

当 $x>b$ 时，有 $F(x)=\int_{-\infty}^{x}\varphi(t)\mathrm{d}t=\int_{-\infty}^{a}0\mathrm{d}t+\int_{a}^{b}\frac{1}{b-a}\mathrm{d}t+\int_{b}^{x}0\mathrm{d}t=1$。

综上，得随机变量 X 的分布函数

$$F(x)=\begin{cases}0 & (x\leqslant a),\\ \dfrac{x-a}{b-a} & (a<x\leqslant b),\\ 1 & (x>b)。\end{cases}$$

它的图形为一条连续的曲线。

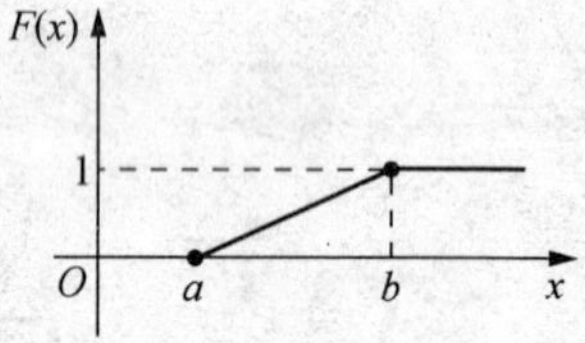

图 5.5

以上情形如图 5.5 所示。

例 5.13 随机变量 X 的分布函数

$$F(x)=\begin{cases}A+B\mathrm{e}^{-\lambda x} & (x>0),\\ 0 & (x\leqslant 0),\end{cases}\quad(\lambda>0),$$

求：① 常数 A,B；

② $P(1<X<2)$；

③ X 的概率密度。

解 ① 由 $F(+\infty)=1$ 可知 $A=1$；由 $F(x)$ 在 $x=0$ 处连续，有 $F(0)=A+B=0$，得 $B=-1$，故

$$F(x)=\begin{cases}1-\mathrm{e}^{-\lambda x} & (x>0),\\ 0 & (x\leqslant 0)\end{cases}\quad(\lambda>0),$$

② $P(1<X<2)=F(2)-F(1)=\frac{1}{\mathrm{e}}-\frac{1}{\mathrm{e}^2}$，

③ X 的概率密度 $\varphi(x)=F'(x)=\begin{cases}\lambda\mathrm{e}^{-\lambda x} & (x>0),\\ 0 & (x\leqslant 0)\end{cases}\quad(\lambda>0)$，

即 X 服从参数为 λ 的指数分布。

例 5.14 以 X 表示某商店从早晨开始营业起直到第一个顾客到达的等待时间(以分钟计)，X 的分布函数是

$$F(x)=\begin{cases}1-e^{-0.4x} & (x>0),\\ 0 & (X\leqslant 0).\end{cases}$$

求下述概率：

① $P\{$至多 3 分钟$\}$；

② $P\{$至少 4 分钟$\}$。

解　(1) $P\{$至少 3 分钟$\}=P\{X\leqslant 3\}=F(3)=1-e^{-1.2}$

(2) $P\{$至少 4 分钟$\}=P\{X\geqslant 4\}=1-P\{X<4\}=1-F(4)=e^{-1.6}$

5.2.4　随机变量函数的分布

在某些情况下，我们需要由已知随机变量 X 的分布来确定函数 $Y=f(X)$的分布。这里 $f(X)$是一个连续或者分段连续的一元实函数，我们可以把 $Y=f(X)$看作一个新的随机变量，当 X 取值为 x 时，Y 的取值为 $y=f(x)$。

1. 离散型随机变量函数的分布

例 5.15　设 X 的概率分布律为

X	0	1	2	3	4	5
P	1/12	1/6	1/3	1/12	2/9	1/9

求：① $Y=2X+1$；

② $Y=(X-2)^2$ 的概率分布律。

解　由 X 的概率分布可列出下表：

X	0	1	2	3	4	5
$Y=2X+1$	1	3	5	7	9	11
$Y=(X-2)^2$	4	1	0	1	4	9
P	1/12	1/6	1/3	1/12	2/9	1/9

由此可得①$Y=2X+1$ 的概率分布律为

$Y=2X+1$	1	3	5	7	9	11
$P(Y=y_k)$	1/12	1/6	1/3	1/12	2/9	1/9

② $Y=(X-2)^2$ 的概率分布律为

$Y=(X-2)^2$	0	1	4	9
$P(Y=y_k)$	1/3	1/6+1/12	1/12+2/9	1/9

一般地，设 X 的概率分布列为

X	x_1	x_2	…	x_k	…
$P(X=x_k)$	p_1	p_2	…	p_k	…

如 Y 取 $y_k=f(x_k)$ 全不等时，其概率分布为

Y	$y_1=f(x_1)$	$y_2=f(x_2)$	…	$y_k=f(x_k)$	…
$P(Y=y_k)$	p_1	p_2	…	p_k	…

如 $f(x_k)$ 中有相等的，则应把那些相等的值分别合并起来，把对应的概率值也相加，得到 Y 的概率分布律。

2. 连续型随机变量函数的分布

已知 X 的概率密度为 $\varphi_x(x)$，现求 X 的函数 $Y=f(X)$ 的概率密度 $\varphi_Y(y)$。

① $f(x)$ 是单调函数时，若 $f'(x)>0$，则 $\varphi_Y(y)=\varphi_X(g(y))g'(y)$，其中 $x=\varphi(y)$ 是 $y=f(x)$ 的反函数；若 $f'(x)<0$，则 $\varphi_Y(y)=-\varphi_X(g(y))g'(y)$，可统一写成公式

$$\varphi_Y(y)=\varphi_X(g(y))\mid g'(y)\mid。\tag{5-5}$$

例 5.16 对圆片直径进行测量，其值在[5,6]上均匀分布，求圆面积的概率密度。

解 设圆片直径为 X，X 的概率密度

$$\varphi_X(x)=\begin{cases}\dfrac{1}{6-5}=1 & (5\leqslant x\leqslant 6),\\ 0 & (\text{其他}),\end{cases}$$

圆面积为 $Y=\dfrac{\pi}{4}X^2$，则 $y=f(x)=\dfrac{\pi}{4}x^2$，$f'(x)=\dfrac{\pi}{2}x>0$，得 Y 的概率密度

$$\varphi_Y(y)=\begin{cases}\dfrac{1}{\sqrt{\pi y}} & \left(\dfrac{25\pi}{4}<y\leqslant 9\pi\right),\\ 0 & (\text{其他})。\end{cases}$$

② 若 $f(x)$不是单调函数时不能用以上方法，此时应先求 $F_Y(y)$，再求导得到分布密度 $\varphi_Y(y)$，此法称分布函数法。

例 5.17　若 $X\sim\varphi(x)=\dfrac{1}{\sqrt{2\pi}}e^{-\frac{x^2}{2}}$，求 $Y=X^2$ 的概率密度。

解　函数 $y=x^2$ 在$(-\infty,+\infty)$上不是单调函数，所以不能直接用公式，可先求 Y 的分布函数

$$F_Y(y)=P(Y<y)=P(X^2<Y)。$$

当 $y\leqslant 0$ 时，$F_Y(y)=P(X^2<y)=0$（因为$\{X^2<Y\}$是不可能事件）；

当 $y>0$ 时，$F_Y(y)=P(X^2<y)=P(-\sqrt{y}<X<\sqrt{y})$

$$=\int_{-\sqrt{y}}^{\sqrt{y}}\frac{1}{\sqrt{2\pi}}e^{-\frac{t^2}{2}}dt=\frac{1}{\sqrt{2\pi}}\int_0^{\sqrt{y}}e^{-\frac{t^2}{2}}dt。$$

再求导数，便得到 Y 的概率密度

$$\varphi_Y(y)=F'_Y(y)=\frac{2}{\sqrt{2\pi}}e^{-\frac{(\sqrt{y})^2}{2}}(\sqrt{y})'=\frac{1}{\sqrt{2\pi}}y^{-\frac{1}{2}}e^{-\frac{y}{2}}。$$

综上，得

$$\varphi_Y(y)=\begin{cases}\dfrac{1}{\sqrt{2\pi}}y^{-\frac{1}{2}}e^{-\frac{y}{2}} & (y>0),\\ 0 & (y\leqslant 0)。\end{cases}$$

5.3　两个重要分布

本节将介绍两种重要的分布，离散型的二项分布和连续型的正态分布，它们在现实生活中具有广泛的应用。

5.3.1　二项分布

在贝努里概型中，如果以随机变量 X 表示 n 次试验中事件 A 发生

的次数，可能取的值为 $0,1,2,\cdots,n$，则由二项式公式知随机变量 X 的概率分布律

$$P(X=k)=C_n^k p^k q^{n-k}\quad (0<p<1, q=1-p, k=0,1,2,\cdots,n)\quad (5\text{-}6)$$

我们称 X 服从参数为 n,p 的二项分布，记 $X\sim B(n,p)$。

二项分布是离散型的分布，显然有以下两个性质：

① $p_k>0\quad (k=1,2,\cdots,n)$；

② $\sum\limits_k p_k=\sum\limits_{k=0}^{n} C_n^k p^k q^{n-k}=1$。

在概率论中，二项分布是一个非常重要的分布，很多随机现象都可以用二项分布来描述。例如，在次品率为 p 的一批产品中有放回地任取 n 件产品，以 X 表示取出的 n 件产品中的次品数，则 X 服从参数为 n,p 的二项分布 $B(n,p)$；如果这批产品的批量很大，则采用无放回方式抽取 n 件产品时，也可认为 X 服从参数为 n,p 的二项分布 $B(n,p)$。

例 5.18 从某学校乘汽车到火车站的途中有 3 个交通岗，假设在各个交通岗遇到红灯的事件是相互独立的，并且概率都为 $\frac{1}{4}$，设 X 为途中遇到红灯的次数，求随机变量 X 的分布律及至多遇到一次红灯的概率。

解 从学校到火车站的途中有 3 个交通岗且每次遇红灯的概率为 $\frac{1}{4}$，可以认为做 3 次重复独立的试验，用事件 A 表示遇到红灯，则每次试验中事件 A 发生的概率为 $\frac{1}{4}$，因此途中遇到红灯的次数 X 服从二项分布 $B\left(3,\frac{1}{4}\right)$，概率分布律

$$P(X=k)=C_3^k\left(\frac{1}{4}\right)^k\left(\frac{3}{4}\right)^{3-k}\quad (k=0,1,2,3),$$

即为

X	0	1	2	3
P	27/64	27/64	9/64	1/64

至多遇到一次红灯的概率

$$P(X \leqslant 1) = P(X = 0) + P(X = 1) = \frac{27}{64} + \frac{27}{64} = \frac{27}{32}。$$

若 X 服从二项分布 $B(n,p)$，当 p 很小，而 n 很大时，我们说 X 近似服从泊松分布 $P(\lambda)$（其中 $\lambda=np$），还可以证明二项分布当 $n\to\infty$ 时的极限分布就是泊松分布，因此可以用泊松分布来近似计算二项分布。如下例，当 $n=1000$，$p=0.005$ 时，可以使用 $\lambda=np=5$ 的泊松分布来近似计算。

例 5.19　设某保险公司的某人寿保险险种有 1000 人投保，每个人在一年内死亡的概率为 0.005，且每个人在一年内是否死亡是相互独立的，试求在未来一年中这 1000 个投保人中死亡人数不超过 10 人的概率。

解　设 X 表示 1000 个投保人中在未来一年中死亡的人数，对每个人来说，在未来一年是否死亡相当于做了一次试验，1000 人就是做 1000 次重复独立试验，因此，$X\sim B(1000,0.005)$，在未来一年这 1000 个投保人中死亡人数不超过 10 人的概率

$$P(X \leqslant 10) = \sum_{k=0}^{10} C_{1000}^{k}(0.005)^{k}(0.995)^{1000-k}。$$

这样计算比较麻烦，所以我们用以下泊松分布来近似计算：

因为 $n=1000$，$p=0.005$，$\lambda=np=5$，所以 X 近似服从 $P(5)$。

$$P(X = k) = \frac{\lambda^{k}}{k!}\mathrm{e}^{-\lambda} \quad (k = 0,1,2,\cdots)$$

因此 $P(X\leqslant 10) = \sum_{k=0}^{10} \frac{5^{k}}{k!}\mathrm{e}^{-5} \approx 0.986$ 。

由此例可以看出，虽然在一次试验中概率很小，但试验次数大且独立进行时，概率可能很大，因此不能忽视小概率事件。

5.3.2　正态分布

正态分布是概率论中最重要的分布，大量的实践经验和理论分析表明，比如一个地区居民的身高、一次规模较大的考试成绩等，都可以看成是服从正态分布。

如果连续型随机变量 X 具有概率密度函数

$$\varphi(x)=\frac{1}{\sqrt{2\pi}\sigma}e^{-\frac{(x-\mu)^2}{2\sigma^2}}\quad(-\infty<x<+\infty;\sigma>0,\mu\text{ 为常数}),$$

则称 X 服从参数 μ,σ^2 的正态分布，记作 $X\sim N(\mu,\sigma^2)$。

显然，$\varphi(x)$ 满足概率密度函数的两个性质：

① $\varphi(x)>0$；

② $\int_{-\infty}^{+\infty}\varphi(x)\mathrm{d}x=1$。

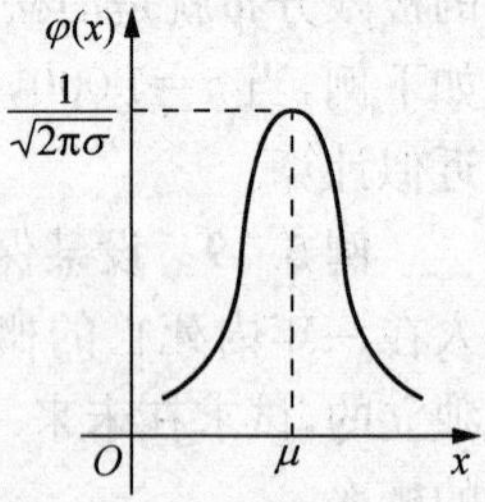

图 5.6

$\varphi(x)$ 的图形（见图 5.6）具有以下特点：

① 关于直线 $x=\mu$ 对称；

② $x=\mu$ 时，有最大值 $\varphi(\mu)=\frac{1}{\sqrt{2\pi}\sigma}$；

③ 在 $(-\infty,\mu)$ 单调增加，$(\mu,+\infty)$ 单调减少；

④ 在 $x=\mu\pm\sigma$ 处有拐点，且曲线以 x 轴为渐近线；

⑤ 固定 μ，改变 σ 的值，σ 大曲线平坦，σ 小曲线陡峭（见图 5.7）；固定 σ，改变 μ 相当于把图像沿 x 轴平移（见图 5.8）。

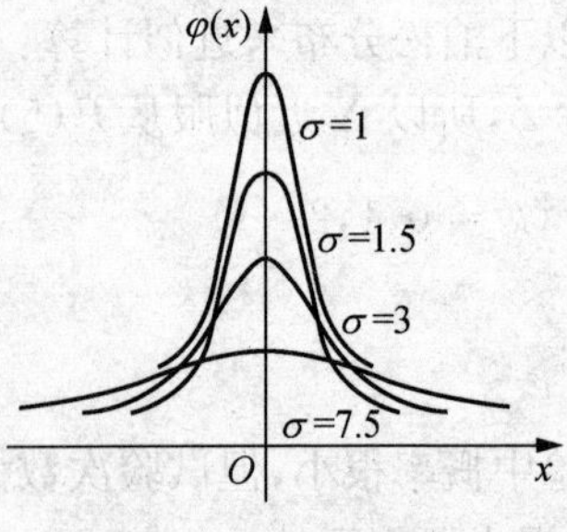

图 5.7

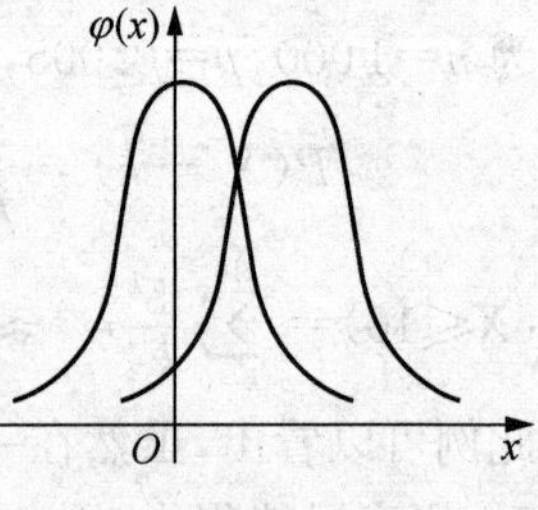

图 5.8

特别地当 $\mu=0,\sigma=1$ 时，称 X 服从标准正态分布，记作 $X\sim N(0,1)$，概率密度

$$\varphi(x)=\frac{1}{\sqrt{2\pi}}e^{-\frac{x^2}{2}}\,(-\infty<x<+\infty),$$

其图形如图 5.9 所示。

标准正态分布的分布函数为 $\Phi(x)=\int_{-\infty}^{x}\int_{-\infty}^{x}\varphi(t)\mathrm{d}t=\int_{-\infty}^{x}\frac{1}{\sqrt{2\pi}}\mathrm{e}^{-\frac{t^2}{2}}\mathrm{d}t$，对于其函数值 $\Phi(x)$ 可以查标准正态分布表（见书末附表 1）。

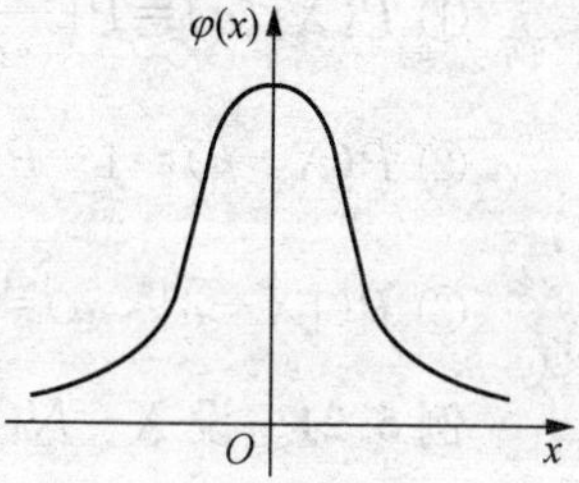

图 5.9

例如要查 $\Phi(1.21)$，先在左边一列找到 1.2，然后在上面找到第二位小数 1，1.2 所在行与第二位小数 1 所在列的交叉点上的数值就是要查的概率 $\Phi(1.21)=0.8869$。

注意到这个表上的数在 0.00 到 5.00 之间，在这个范围里面的数，先进行四舍五入取两位小数查表；对于大于 5 的数 x 我们可以认为 $\Phi(x)=1$；而负数可以用公式 $\Phi(-x)=1-\Phi(x)$ 来计算，如 $\Phi(-2.53)=1-0.9943=0.0057$。

用这样的方法我们可以查出所有实数的标准正态分布函数值。

此外，对于给定的 $0<\alpha<1$，称满足 $\Phi(u_\alpha)=\alpha$ 的实数 u_α 为标准正态分布的 α 分位数，从标准正态分布表也可查到 u_α 的值。

下面归纳一下计算时常用的公式，设 $X\sim N(0,1)$，则有

① $P(X>a)=1-P(X\leqslant a)=1-\Phi(a)$； (5-7)

② $\Phi(-a)=P(X<-a)=P(X>a)=1-\Phi(a)$； (5-8)

③ $P(|X|<a)=P(-a<X<a)=P(X<a)-P(X<-a)$
$=\Phi(a)-\Phi(-a)=2\Phi(a)-1$。 (5-9)

例 5.20 设 $X\sim N(0,1)$，求：

① $P(2<X<3)$；

② $P(|X|<1)$。

解 ① $P(2<X<3)=\Phi(3)-\Phi(2)=0.9987-0.9772=0.0215$。

② $P(|X|<1)=2\Phi(1)-1=2\times0.8413-1=0.6826$。

一般正态分布的分布函数 $F(x)=\int_{-\infty}^{x}\frac{1}{\sqrt{2\pi}\sigma}\mathrm{e}^{-\frac{(1-u)^2}{2\sigma^2}}\mathrm{d}t$，不能直接查表 $P(\xi<a)=F(a)$，应该先用以下定理转化为标准正态分布来计算。

定理 5.1 ① 若 $X\sim N(\mu,\sigma^2)$，则 $Y=\dfrac{X-\mu}{\sigma}\sim N(0,1)$；

② 若 $Y\sim N(0,1)$，则 $X=\sigma Y+\mu\sim N(\mu,\sigma^2)$。（证明略）

计算时常用的公式：设 $X\sim N(\mu,\sigma^2)$。

① $P(X<a)=P\left(\dfrac{X-\mu}{\sigma}\leqslant\dfrac{a-\mu}{\sigma}\right)=\Phi\left(\dfrac{a-\mu}{\sigma}\right)$； (5-10)

② $P(X>a)=1-P(X\leqslant a)=1-\Phi\left(\dfrac{a-\mu}{\sigma}\right)$； (5-11)

③ $P(|X-\mu|<a)=2\Phi\left(\dfrac{a}{\sigma}\right)-1$。 (5-12)

例 5.21 设 $X\sim N(1.5,2^2)$，求：

① $P(X<3.5)$；

② $P(X\leqslant -4)$；

③ $P(|X|<3)$；

④ $P(|X-1.5|<2)$。

解 ① $P(X<3.5)=\Phi\left(\dfrac{3.5-1.5}{2}\right)=\Phi(1)=0.8413$。

② $P(X\leqslant -4)=\Phi\left(\dfrac{-4-1.5}{2}\right)=\Phi(-2.75)$

$=1-\Phi(2.75)=1-0.9970=0.0030$。

③ $P(|X|<3)=P(-3<X<3)=\Phi\left(\dfrac{3-1.5}{2}\right)-\Phi\left(\dfrac{-3-1.5}{2}\right)$

$=\Phi(0.75)-\Phi(-2.25)=\Phi(0.75)+\Phi(2.25)-1$

$=0.7734+0.9878-1=0.7612$。

④ $P(|X-1.5|<2)=P\left(\left|\dfrac{X-1.5}{2}\right|<1\right)$

$=2\Phi(1)-1=2\times 0.8413-1=0.8626$。

例 5.22 某地区 18 岁的青年的血压（以 mmHg 为单位）服从 $N(110,12^2)$ 分布，在该地区任选一 18 岁青年，测量他的血压 X，求：

① $P\{X\leqslant 105\}$；

② $P\{100<X\leqslant 120\}$。

解 (1) 因为 $X\sim N(110,12^2)$，所以

$$P(X<105)=\Phi\left(\frac{105-110}{12}\right)=\Phi\left(\frac{-5}{12}\right)=1-\Phi(0.417)=0.3383$$

$$(2)\ P(100<X\leqslant 120)=\Phi\left(\frac{120-110}{12}\right)-\Phi\left(\frac{100-110}{12}\right)$$

$$=2\Phi\left(\frac{10}{12}\right)-1=2\times 0.7976-1=0.5952$$

5.4 数学期望

当随机变量的概率分布律或概率密度确定后,它的概率特性就全部确定了。但是实际使用的时候有时并不需要了解随机变量的全部概率特性,而只要了解某个方面,这时可以通过一个或几个数字来描述,它部分地反映了分布的特性,这样的数字称为随机变量的数字特征。而在数字特征中,最常用的是数学期望和方差。

5.4.1 离散型随机变量的期望

我们先来看一个求水稻平均亩产的例子,从这个例子将得到离散型随机变量的数学期望的概念。

例 5.23 某农场有甲、乙、丙三个水稻品种,播种面积(单位:亩)和亩产(单位:公斤)如下,求平均亩产:

品种	甲	乙	丙
面积	30	50	20
亩产	450	500	650

解法一 平均亩产$=(450\times 30+500\times 50+650\times 20)/(30+50+20)=515$。

解法二 用随机变量 X 表示任取一亩稻田的亩产量,则 X 的概率分布律为

X	450	500	650
p	0.3	0.5	0.2

平均亩产又可以表示为 $450\times0.3+500\times0.5+650\times0.25=515$，而这个式子对于离散型随机变量 X 的含义就是数学期望。由此我们知道数学期望反映的是平均值，但这种平均不是算术平均而是加权平均，上例中算术平均是 $(450+500+650)/3\approx533.33$。

定义 5.4 设离散型随机变量 X 的概率分布律为

X	x_1	x_2	…	x_k	…
$P(X=x_k)$	p_1	p_2	…	p_k	…

则称 $\sum_k x_k p_k$ 为 X 的数学期望（简称期望），记作 $E(X)$，即

$$E(X)=\sum_k x_k p_k。\tag{5-13}$$

例 5.24 设袋中有 6 个球，其中 4 个白球，2 个黑球，从中任取 3 个，则抽到的黑球数 X 为一随机变量，求 X 的期望。

解 X 的概率分布律为

X	0	1	2
p	1/5	3/5	1/5

，

$E(X)=1$，其含义是任取 3 个球，预期抽到的黑球数 X 为 1。

值得注意的是数学期望 $E(X)$ 的值可以不是随机变量 X 的任何一个取值。

例 5.25 （分赌本问题）甲乙二人各有赌本 a 元，约定谁先胜三局就赢得全部赌本 a 元，假定甲乙二人在每一局取胜的概率是相等的，现在已经赌了三局，结果是甲二胜一负，由于某种原因赌博中止，问如何分 $2a$ 元赌本才合理？

解 如果甲乙二人平分，对甲是不合理的。但能否依据现在的胜负结果 2∶1 来分呢？仔细推算也是不合理的。当时著名的数学家和物理学家 Pascal 提出了一个合理的分法：如果赌局继续下去，他们各

自的期望所得就是他们应该分得的赌本。

易知，最多只要再赌两局就能决出胜负，其可能的结果为甲甲、甲乙、乙甲、乙乙（"甲乙"表示第一局甲胜第二局乙胜，其余类推），由等可能性，可知

$$P(\text{甲最终获胜})=\frac{3}{4},P(\text{乙最终获胜})=\frac{1}{4}。$$

设 X,Y 分别表示甲、乙最终所得，则 X,Y 的分布律分别为

X	0	$2a$
p	1/4	3/4

，

Y	0	$2a$
p	3/4	1/4

甲乙的期望所得分别为

$$E(X)=\frac{3a}{2},E(Y)=\frac{a}{2}。$$

5.4.2　连续型随机变量的期望

定义 5.5　设连续型随机变量 X 的概率密度为 $\varphi(x)$，称

$$\int_{-\infty}^{+\infty}x\varphi(x)\mathrm{d}x$$

为 X 的数学期望，记为 $E(X)$，即

$$E(X)=\int_{-\infty}^{+\infty}x\varphi(x)\mathrm{d}x。\tag{5-14}$$

例 5.26　设 $X\sim\varphi(x)=\begin{cases}Ax^2 & (0<x<2),\\ 0 & (\text{其他}),\end{cases}$

① 求 A；
② 求 $E(X)$。

解　① 由 $\int_{-\infty}^{+\infty}\varphi(x)\mathrm{d}x=\int_0^2 Ax^2\mathrm{d}x=1$，得 $A=\frac{3}{8}$。

② $E(X)=\int_{-\infty}^{+\infty}x\varphi(x)\mathrm{d}x=\int_0^2 x\cdot\frac{3}{8}x^2\mathrm{d}x=\frac{3}{32}x^4\Big|_0^2=\frac{3}{2}$。

例 5.27　设 X 服从指数分布，$\varphi(x)=\begin{cases}\lambda\mathrm{e}^{-\lambda x} & (x>0,\lambda>0),\\ 0 & (x\leqslant 0),\end{cases}$

求 $E(X)$。

解　$E(X)=\int_{-\infty}^{+\infty}x\varphi(x)\mathrm{d}x=\int_{0}^{+\infty}x\lambda\mathrm{e}^{-\lambda x}\mathrm{d}x=-\int_{0}^{+\infty}x\mathrm{d}(\mathrm{e}^{-\lambda x})$

$$=-x\mathrm{e}^{-\lambda x}\Big|_0^{+\infty}+\int_0^{+\infty}\mathrm{e}^{-\lambda x}\mathrm{d}x=\frac{-\mathrm{e}^{-\lambda x}}{\lambda}\Big|_0^{+\infty}=\frac{1}{\lambda}。$$

5.4.3　随机变量函数的期望

1. X 为离散型随机变量

设 X 的概率分布律为：

X	x_1	x_2	$\cdots$	x_k	$\cdots$
$P(X=x_k)$	p_1	p_2	$\cdots$	p_k	$\cdots$

，

则 $\eta=f(X)$的数学期望为

$$E(Y)=E(f(X))=\sum_k f(x_k)p_k\quad（假定\ \eta=f(X)\ 的期望存在）。\tag{5-15}$$

例 5.28　设 X 的概率分布律为：

X	-1	0	2	3
p	1/8	1/4	3/8	1/4

，

求① $E(X^2)$；

② $E(-2X+1)$。

解　① $E(X^2)=(-1)^2\times\frac{1}{8}+0^2\times\frac{1}{4}+2^2\times\frac{3}{8}+3^2\times\frac{1}{4}=\frac{31}{8}$。

② $E(-2X+1)=3\times\frac{1}{8}+1\times\frac{1}{4}+(-3)\times\frac{3}{8}+(-5)\times\frac{1}{4}$

$$=-\frac{14}{8}。$$

2. X 为连续型随机变量

设连续型随机变量 X 的概率密度为 $\varphi(x)$，定义 $Y=f(X)$的数学期望为

$$E(Y)=E(f(X))=\int_{-\infty}^{+\infty}f(x)\varphi(x)\mathrm{d}x。\tag{5-16}$$

例 5.29　已知 X 的概率密度为

$$\varphi(x)=\begin{cases}2x & (0<x<1),\\ 0 & (\text{其他}),\end{cases}$$

求 $Y=2X+1$ 的数学期望 $E(Y)$。

解　$$E(Y)=\int_{-\infty}^{+\infty}(2x+1)\varphi(x)\mathrm{d}x=\int_0^1(2x+1)2x\mathrm{d}x$$
$$=\int_0^1(4x^2+2x)\mathrm{d}x=\frac{4}{3}。$$

5.4.4　数学期望的性质

(1) $E(C)=C$　(5-17)

证明　设随机变量 X 只能取常数 C，显然其概率分布率为

$$P(X=C)=1,$$

则 $E(C)=C\times 1=C$。

(2) $E(X+C)=E(X)+C$　(5-18)

证明　若 X 为离散型随机变量，概率分布律为

X	x_1	x_2	$\cdots$	x_k	$\cdots$
$P(X=x_k)$	p_1	p_2	$\cdots$	p_k	$\cdots$

则 $E(X+C)=\sum\limits_k(x_k+C)p_k=\sum\limits_k x_kp_k+C\sum\limits_k p_k=E(X)+C$。

若 X 为连续型随机变量，概率密度为 $\varphi(x)$，则

$$E(X+C)=\int_{-\infty}^{+\infty}(x+C)\varphi(x)\mathrm{d}x$$
$$=\int_{-\infty}^{+\infty}x\varphi(x)\mathrm{d}x+C\int_{-\infty}^{+\infty}\varphi(x)\mathrm{d}x=E(X)+C。$$

(3) $E(kX)=kE(X)$　(5-19)

证明　若 X 为离散型随机变量，概率分布律为

X	x_1	x_2	$\cdots$	x_k	$\cdots$
$P(X=x_k)$	p_1	p_2	$\cdots$	p_k	$\cdots$

则
$$E(kX)=\sum_k kx_kp_k=kE(X)。$$

若 X 为连续型随机变量，概率密度为 $\varphi(x)$，则
$$E(kX)=\int_{-\infty}^{+\infty}kx\varphi(x)\mathrm{d}x=k\int_{-\infty}^{+\infty}x\varphi(x)\mathrm{d}x=kE(X)。$$

(4) $E(kX+C)=kE(X)+C$ (5-20)

由性质 2、3，可得 $E(kX+C)=E(kX)+C=kE(X)+C$。

例 5.30 设 $E(X)=\mu$，求 $E\left(5-\dfrac{X}{3}\right)$。

解 $E\left(5-\dfrac{X}{3}\right)=-\dfrac{1}{3}E(X)+5=-\dfrac{1}{3}\mu+5$。

5.5 方差

我们知道，数学期望反映了随机变量的加权平均值。现在通过下面一个例子比较两批钢筋抗拉指标的好坏得出另一个数字特征——方差的含义。

例 5.31 有两批钢筋，每批 10 根，它们的抗拉指标 X 依次为

第一批：110，120，120，125，125，125，130，130，135，140

第二批：90，100，120，125，125，130，135，145，145，145

使用时要求抗拉指标不低于 115，试比较哪一批钢筋好？

解 设用 X 和 Y 分别表示第一批和第二批钢筋的抗拉指标，则概率分布律分别为

X	110	120	125	130	135	140
P	0.1	0.2	0.3	0.2	0.1	0.1

和

Y	90	100	120	125	130	135	145
P	0.1	0.1	0.1	0.2	0.1	0.1	0.3

数学期望 $E(X)=E(Y)=126$，说明这两批钢筋平均抗拉指标相同。

下面用以下算式计算每批钢筋与平均抗拉指标之间的平均累计偏差,第一批为

$$(110-126)^2\times 0.1+(120-126)^2\times 0.2+(125-126)^2\times 0.3+(130-126)^2\times 0.2+(135-126)^2\times 0.1+(140-126)^2\times 0.1=46,$$

第二批为

$$(90-126)^2\times 0.1+(100-126)^2\times 0.1+(120-126)^2\times 0.1+(125-126)^2\times 0.2+(130-126)^2\times 0.1+(135-126)^2\times 0.1+(145-126)^2\times 0.3=273.1。$$

显然 $46<273.1$,第一批比较好。

结论反映出与抗拉指标的数学期望之间的平均累计偏差小的那批钢筋好,我们可以用 $(X-E(X))^2$ 的数学期望 $E(X-E(X))^2$ 来反映随机变量与数学期望 $E(X)$ 的平均累计偏差,这就是方差。

5.5.1 方差的概念

定义 5.6 设 X 为随机变量,则

$$D(X)=E(X-E(X))^2$$

称为 X 的方差,显然 $D(X)\geqslant 0$。$\sigma_x=\sqrt{D(X)}$ 称为标准差。

1. X 为离散型

设概率分布律为

X	x_1	x_2	$\cdots$	x_k	$\cdots$
$P(X=x_k)$	p_1	p_2	$\cdots$	p_k	$\cdots$

,

则

$$D(X)=\sum_k (x_k-E(X))^2 p_k。\tag{5-21}$$

2. X 为连续型

设概率密度为 $\varphi(x)$,则

$$D(X)=\int_{-\infty}^{+\infty}(x-E(x))^2\varphi(x)\mathrm{d}x。\tag{5-22}$$

在计算时经常使用简化计算公式

$$D(X)=E(X^2)-(E(X))^2。\tag{5-23}$$

下面简单加以证明：

$$\begin{aligned}D(X)&=E(X-EX)^2=E(X^2-2XE(X)+E^2(X))\\&=E(X^2)-2E(X)E(X)+E^2(X)=E(X^2)-(E(X))^2。\end{aligned}$$

5.5.2 方差的性质

① $D(C)=0$； (5-24)

② $D(X+C)=D(X)$； (5-25)

③ $D(kX)=k^2D(X)$； (5-26)

④ $D(kX+C)=k^2D(X)$。 (5-27)

例 5.32 设随机变量 $X\sim\varphi(x)=\begin{cases}\dfrac{3}{8}x^2 & (0<x<2),\\ 0 & (其他),\end{cases}$ 求 $D(X)$。

解 $E(X^2)=\int_{-\infty}^{+\infty}x^2\varphi(x)\mathrm{d}x=\int_0^2x^2\cdot\dfrac{3}{8}x^2\mathrm{d}x=\dfrac{3}{40}x^5\Big|_0^2=\dfrac{12}{5}$，

$D(X)=E(X^2)-(E(X))^2=\dfrac{3}{20}$。

例 5.33 设随机变量 X 服从指数分布，且

$$\varphi(x)=\begin{cases}\lambda e^{-\lambda x} & (x>0,\lambda>0),\\ 0 & (x\leqslant 0),\end{cases}$$

求 $D(X)$和 σ_X。

解 由例 5.26 可知 $E(X)=\dfrac{1}{\lambda}$，而

$$\begin{aligned}E(X^2)&=\int_{-\infty}^{+\infty}x^2\varphi(x)\mathrm{d}x\\&=\int_0^{+\infty}x^2\lambda e^{-\lambda x}\mathrm{d}x=-\int_0^{+\infty}x^2\mathrm{d}(e^{-\lambda x})=-x^2e^{-\lambda x}\Big|_0^{+\infty}+\int_0^{+\infty}e^{-\lambda x}\mathrm{d}x^2\\&=2\int_0^{+\infty}xe^{-\lambda x}\mathrm{d}x=\frac{2}{\lambda^2},\end{aligned}$$

$$D(X)=E(X^2)-(E(X))^2=\frac{2}{\lambda^2}-\frac{1}{\lambda^2}=\frac{1}{\lambda^2},\quad \sigma_X=\frac{1}{\lambda}。$$

例 5.34 设 $E(X)=\mu$，$D(X)=\sigma^2$，求 $D(3X-2)$及 $E(X^2)$。

解　由方差的性质(4)，知

$$D(3X-2)=9D(X)=9\sigma^2, E(X^2)=\sigma^2+\mu^2。$$

例 5.35　设 $E(X)=\mu, D(X)=\sigma^2, Y=\dfrac{X-\mu}{\sigma}$，求 $E(Y)$ 及 $D(Y)$。

解　$E(Y)=0, D(Y)=1$。

5.5.3　常用分布的期望和方差

1. 两点分布

设 X 服从两点分布，则其概率分布列为

X	0	1
p	q	p

则 $E(X)=p, D(X)=pq, q=1-p$。

2. 二项分布

设 $X\sim B(n,p)$，即 X 的概率分布列为

$$P(X=k)=C_n^k p^k q^{n-k}\quad (0<p<1, q=1-p, k=0,1,2,\cdots,n),$$

则 $E(X)=np, D(X)=npq$。

3. 泊松分布

设 X 服从参数为 λ 的泊松分布，即 X 的概率分布律为

$$P(X=k)=\frac{\lambda^k}{k!}e^{-\lambda}\quad (k=0,1,2,\cdots;\lambda>0),$$

则 $E(X)=\lambda, D(X)=\lambda$。

4. 均匀分布

设 X 在区间 $[a,b]$ 上服从均匀分布，即 X 的概率密度

$$\varphi(x)=\begin{cases}\dfrac{1}{b-a} & (a\leqslant x\leqslant b),\\ 0 & (\text{其他}),\end{cases}$$

则 $E(X)=\dfrac{a+b}{2}, D(X)=\dfrac{(b-a)^2}{12}$。

5. 指数分布

设 X 服从参数为 λ 的指数分布，即 X 的概率密度

$$\varphi(x)=\begin{cases}\lambda e^{-\lambda x} & (x>0,\lambda>0),\\ 0 & (x\leqslant 0),\end{cases}$$

则 $E(X)=\dfrac{1}{\lambda},D(X)=\dfrac{1}{\lambda^2}$。

6. 正态分布

$X\sim N(\mu,\sigma^2)$，即 X 的概率密度

$$\varphi(x)=\frac{1}{\sqrt{2\pi}\sigma}e^{-\frac{(x-\mu)^2}{2\sigma^2}},$$

则 $E(X)=\mu,D(X)=\sigma^2$。特别地，对于 X 服从标准正态分布 $N(0,1)$，有 $E(X)=0,D(X)=1$。

小　结

本章主要介绍了随机变量的概念、离散型随机变量的概率分布律、连续型随机变量的概率密度、随机变量的分布函数、几种常用的分布以及随机变量的数学期望和方差。

通过本章的学习应达到以下要求：

① 理解随机变量的概念，理解离散型随机变量的分布律及性质，理解连续型随机变量的概率密度及性质；

② 理解随机变量分布函数的概念及性质，会应用概率分布计算有关事件的概率，会求简单随机变量函数的概率分布；

③ 了解几种常用的分布，熟练掌握二项分布和正态分布；

④ 理解期望与方差的概念，掌握它们的性质与计算，了解常见分布的期望和方差，掌握正态分布和二项分布的期望和方差，会计算随机变量函数的数学期望。

习题 5

1. 设某运动员投篮命中的概率为 0.3，求一次投篮命中次数 X 的概率分布律。

2. 设在 10 只同类的零件中有 2 只是次品，求任取 3 只零件中的次品数 X 的概率分布律。

3. 在相同的条件下，对目标独立地进行 5 次射击，若每次射击命中率为 0.6，求击中目标次数 X 的概率分布律。

4. 一个盒子中有 5 个纪念章，编号为 1,2,3,4,5，在其中任取 3 个，用 X 表示取出的 3 个纪念章上的最大号码，求随机变量 X 的概率分布律。

5. 已知某种电子管的寿命 X 服从指数分布，其概率密度函数是

$$\varphi(x)=\begin{cases}\dfrac{1}{1000}\mathrm{e}^{-\frac{x}{1000}} & (x>0),\\ 0 & (x\leqslant 0),\end{cases}$$

求这种电子管能使用 1 000 小时以上的概率。

6. 设随机变量 X 的分布律为

X	-1	2	3
p_k	0.25	0.5	0.25

求 X 的分布函数，并求 $P\left\{X\leqslant\frac{1}{2}\right.$，$P\left\{\frac{3}{2}<X\leqslant\frac{5}{2}\right\}$。

7. 设随机变量 X 的分布函数

$$F(x)=\begin{cases}0 & (x<0),\\ Ax^2 & (0\leqslant x<1),\\ 1 & (x\geqslant 1),\end{cases}$$

试求：① 常数 A；

② $P(0.3\leqslant X<0.7)$；

③ X 的概率密度函数。

8. 设随机变量 X 的分布函数

$$F(x)=A+B\arctan x\,(-\infty<x<+\infty),$$

试求：① 常数 A 和 B；

② $P(-1\leqslant X<1)$；

③ X 的概率密度函数。

9. 设随机变量 X 的概率密度函数

$$\varphi(x)=\begin{cases}\dfrac{A}{\sqrt{1-x^2}} & (|x|<1),\\ 0 & (|x|\geqslant 1),\end{cases}$$

试求:① 常数 A;

② $P(-0.5\leqslant X<0.5)$;

③ X 的分布函数。

10. 设 $X\sim N(1,2^2)$,计算:

① $P(X\leqslant -3.5)$;

② $P(1<X\leqslant 3)$;

③ $P(|X|>1.5)$。

11. 两个人打乒乓球,根据经验每一局甲胜的概率为 0.6,现在打 5 局,求:

① 甲胜 3 局的概率;

② 求乙至少胜 1 局的概率。

12. 已知自动车床生产的零件的长度 X(单位:mm)服从正态分布 $N(50,0.75^2)$,如果规定零件的长度在 50 ± 1.5mm 之间为合格品,求生产的零件是合格品的概率。

13. 一批零件中有 9 件合格品和 3 件不合格品,安装机器时从这批零件中任取一件,如果取出的不合格品不再放回去,求在取得合格品以前已取出的不合格品数的数学期望。

14. 设篮球队 A 和 B 进行比赛,若有一队胜 4 场,则比赛宣告结束,假定 A,B 在每场比赛中获胜的概率都是 0.5,试求需要比赛场数的数学期望?

15. 某人购买福利彩票,某期开奖中了一等奖。奖金从 5 万元到 100 万元不等。具体得奖多少要待下一次由他去电视台亲自转“大转盘”转出。此大转盘共设 100 个奖格,其中 10 格为每格标 100 万元;另 10 格为每格 50 万元;又 10 格为每格 40 万元;20 格为每格 30 万元;另 20 格为每格 20 万元;又 20 格为每格 10 万元;又 10 格为每格 5 万元。问他期望能得到奖金多少万元?

16. 设随机变量 X 的概率分布律为

X	-2	0	2
P	0.4	0.3	0.3

试求：① $E(X)$；

② $E(X^2)$；

③ $E(3X^2+5)$；

④ $D(X)$。

17. 设随机变量的 X 的概率密度函数

$$\varphi(x)=\begin{cases}2(1-x) & (0<x<1),\\ 0 & (\text{其他}),\end{cases}$$

试求：① $E(X)$；

② $D(X)$。

18. 设随机变量的 X 的概率密度函数

$$\varphi(x)=\begin{cases}Ce^{-3x} & (x>0),\\ 0 & (x\leqslant 0),\end{cases}$$

试求：① 常数 C；

② $E(2X+1)$；

③ $D(2X+1)$

自测题5

一、填空题

1. 已知连续型随机变量 X 的分布函数为 $F(x)$，且密度函数 $f(x)$ 连续，则 $f(x)=$__________。

2. 设随机变量 $X\sim U(0,1)$，则 X 的分布函数 $F(x)=$__________。

3. 设 $X\sim B(n,p)$，在 n 很大、p 很小时，它可用__________分布近似计算。

4. 若 $X\sim N(\mu,\sigma^2)$，则 $P(|X-\mu|\leqslant 3\sigma)=$__________。

5. 6 个阄中 3 个“有”,3 个“无”,不放回地顺序抓取,每人抓一个,第五个抓到“有”的概率为__________。

6. 设连续型随机变量 ξ 服从正态分布 $N(3,2^2)$,则其密度函数 $p(x)=$__________。

二、单项选择题

1. 设随机变量 $X\sim B(n.p)$,且 $E(X)=4.8$,$D(X)=0.96$,则参数 n 与 p 分别是(　)。

A. 6,0.8　　B. 8,0.6

C. 12,0.4　　D. 14,0.2

2. 设连续型随机变量 X 的密度函数为 $p(x)=\begin{cases}2x & (x\in(0,A)),\\ 0 & (\text{其他}),\end{cases}$ 则常数 $A=$(　　)

A. 0.25　　B. 0.5　　C. 1　　D. 2

3. 在下列函数中可以作为分布密度函数的是(　)。

A. $f(x)=\begin{cases}\sin x & \left(-\dfrac{\pi}{2}<x<\dfrac{3\pi}{2}\right)\\ 0 & (\text{其他})\end{cases}$

B. $f(x)=\begin{cases}\sin x & \left(0<x<\dfrac{\pi}{2}\right)\\ 0 & (\text{其他})\end{cases}$

C. $f(x)=\begin{cases}\sin x & \left(0<x<\dfrac{3\pi}{2}\right)\\ 0 & (\text{其他})\end{cases}$

D. $f(x)=\begin{cases}\sin x & (0<x<\pi)\\ 0 & (\text{其他})\end{cases}$

4. 设连续型随机变量 X 的密度函数 $f(x)$,分布函数 $F(x)$,对任给的区间 (a,b),则 $P(a<x<b)=$(　)。

A. $F(a)-F(b)$　　B. $\int_a^b F(x)\mathrm{d}x$

C. $f(a)-f(b)$　　D. $\int_a^b f(x)\mathrm{d}x$

5. 设 X 为随机变量，则 $D(2x-3)=$(　)。

A. $2D(x)+3$　　B. $2D(x)$

C. $2D(x)-3$　　D. $4D(x)$

6. 设 X 是随机变量，$E(X)=\mu$，$D(X)=\sigma^2$，若有 $E(Y)=0$，$D(Y)=1$，则令 $Y=$(　)。

A. $Y=\sigma X+\mu$　　B. $Y=\sigma X-\mu$

C. $Y=\dfrac{X-\mu}{\sigma}$　　D. $Y=\dfrac{X-\mu}{\sigma^2}$

三、解答题

1. 同时掷两枚均匀的骰子，求点数和 X 的概率分布律。

2. 设随机变量 X 的密度函数

$$f(x)=\begin{cases}Ae^{-2x} & (x>0),\\ 0 & (x\leqslant 0),\end{cases}$$

求：① A；

② $P(X>3)$。

3. 设随机变量 X 的分布函数为

$$F(x)=\begin{cases}0 & (x<0),\\ \dfrac{x^2}{25} & (0\leqslant x\leqslant 5),\\ 1 & (x>5),\end{cases}$$

求：① 概率密度 $p(x)$；

② $P(3\leqslant X\leqslant 6)$。

4. 某篮球运动员一次投篮投中篮框的概率为 0.8，该运动员投篮 5 次，试求：

① 投中篮框不少于 2 次的概率；

② 求至多投中篮框 2 次的概率。

5. 设 $X\sim N(1,0.6^2)$，计算：

① $P(0.2<X\leqslant 1.8)$；

② $P(X>0)$。

6. 盒中有 5 只球，编号为 1,2,3,4,5，一次取出 3 只，以 X 表示取出的最大编号号码，求：

① X 的概率分布律；

② $E(X)$；

③ $D(X)$。

7. 已知随机变量 X 的概率分布律为

X	-1	0	1	3
P	C	0.3	0.2	0.1

求：① C；② $E(X)$；③ $D(3X+1)$。

8. 设随机变量 X 的密度函数

$$p(x)=\begin{cases}Ax & (0<x<2),\\ 0 & (\text{其他}),\end{cases}$$

求：① A；

② $E(X)$；

③ $E(2X-1)$；

④ $D(2X-1)$。

第6章 参数估计与假设检验

内容提要：统计推断，就是由样本推断总体，是统计学的核心内容，其两个基本问题是统计估计和统计检验。统计估计是根据样本估计总体参数或分布，统计检验首先提出关于总体参数或概率分布的某种“假设”，然后根据样本来检验所提“假设”是否成立。

本章要求我们了解总体、样本、统计量和抽样分布的概念，知道矩估计法，掌握极大似然估计法，了解衡量估计量优劣的标准，了解区间估计的概念，掌握单个正态总体均值和方差的区间估计方法，了解假设检验的基本思想，掌握单个正态总体均值和方差的检验方法。

6.1 数理统计的基本概念

通过前面两章对概率论的基础概念与方法的讨论，我们知道随机变量及其概率分布全面描述了随机现象的统计规律。

在概率论的研究中，概率分布通常总是已知或假设为已知的，但在实际问题中，一个随机现象所服从的分布是什么概型可能完全不知道，或者由于现象的某些事实而知道其概型，但还是往往不知道其分布函数中所含的参数。

例如，一个厂家生产的电视机的使用寿命服从什么分布是完全不知道的；再例如，某一厂家生产的零部件，每一件不是合格品就是不合格品，从这一事实我们知道一件零部件是合格品还是不合格品服从一个二点分布，但分布中的参数 p 却不知道。

如果要对这些问题或其他相关问题进行研究，就必须要知道它们的分布或分布所含的参数，这就是数理统计所要解决的一个首要问题。为了研究这些问题，在数理统计中我们总是从所要研究的对象中抽取一部分进行观测或试验以取得信息，从而对整体作出估计和推断，这就是数理统计中最基本的方法。

6.1.1 总体与样本

在数理统计中，我们把具有一定共性的研究对象的全体称为总体，而把组成总体的每个基本元素称为个体。

例如，在研究某工厂所生产的一批电视机显像管的平均寿命时，一批显像管的全体就组成一个总体，其中每一只显像管就是一个个体。又如，在研究江苏省全体男大学生的身高的分布情况时，江苏省的全体男大学生身高的所有数值就是总体，每个男大学生身高的数值就是个体。

从概率论的角度来看，任何一个总体都可用一个随机变量 X 来表示，因此，我们将把总体与对应的随机变量等同起来，如正态总体，即表示总体的随机变量服从正态分布。

从总体 X 中抽取一个个体，就是对总体进行一次试验，从总体中抽取 n 个个体，就是对总体进行 n 次试验，这 n 个个体记为 $X_1, X_2, \cdots, X_n$，称它们为总体 X 的一个样本（或子样），样本所含个体的数目 n 称为样本容量（或样本大小）。

我们抽取样本的目的就是为了对总体的分布规律进行各种分析和推断，因此要求抽取的样本能客观地反映总体的情况，为此从总体中抽取样本时要求满足以下两个特征：

① 随机性：为了使样本具有充分的代表性，抽样必须是随机的，即应使总体中的每一个个体都有同等的机会被抽取到；

② 独立性：各次抽样必须是相互独立的，即每次抽样的结果既不影响其他各次抽样的结果，也不受其他各次抽样结果的影响。

把具有上述两个特征的样本称为简单随机样本，把得到简单随机样本的抽样方法称为简单随机抽样。

当总体有限时，通常采用有放回地抽样方法，得到简单随机样本；对于无限总体或个体数目很大时，采用不放回抽样得到的样本可以近似看作简单随机样本。

今后，如不特别说明，我们所提到的抽样与样本都是指简单随机抽样与简单随机样本。

由于样本 $X_1, X_2, \cdots, X_n$ 是从总体 X 中随机抽取的，每个 $X_i(i=1,2,\cdots,n)$ 的取值就在总体 X 可能取值的范围内随机取得，但在抽样前无法预知 $X_1, X_2, \cdots, X_n$ 具体取得哪一组数值，所以 $X_1, X_2, \cdots, X_n$ 也都是随机变量，而且由于是简单随机样本，所以 n 个随机变量 $X_1, X_2, \cdots, X_n$ 相互独立，且与总体具有相同的分布。在每一次抽样后，它们都有了具体的数值，记作 $x_1, x_2, \cdots, x_n$，称其为样本观测值，简称为样本值。

总体、样本、样本值的关系我们可以用下图来表示：

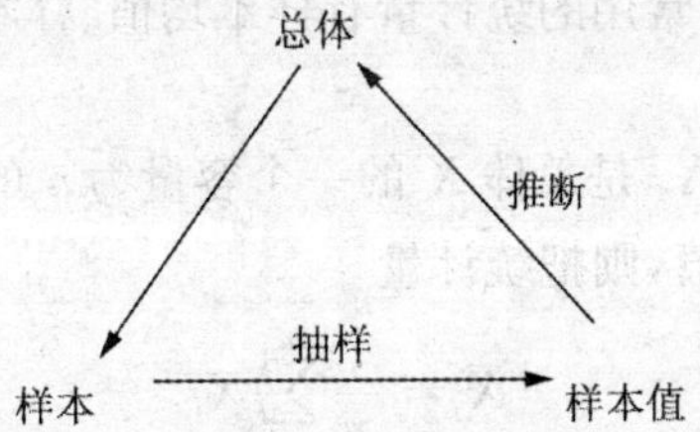

6.1.2　统计量

数理统计的目的是为了通过对样本 $X_1, X_2, \cdots, X_n$ 的研究来推断总体 X 的某些概率特征，但是样本所含的信息往往不能直接用于解决我们所要研究的问题，而需要把样本所含有的信息进行数学上的加工，在数理统计中往往是构造一个合适的依赖于样本的函数 $f(X_1, X_2, \cdots, X_n)$。

如果 $f(X_1, X_2, \cdots, X_n)$ 是样本 $X_1, X_2, \cdots, X_n$ 所构成的函数，且这个函数不包含任何未知参数，则称该函数 $f(X_1, X_2, \cdots, X_n)$ 为统计量。

由于样本 $X_1, X_2, \cdots, X_n$ 是随机变量，所以作为样本函数的统计量也是一个随机变量，也有其统计规律和概率分布。

当 $x_1, x_2, \cdots, x_n$ 是样本 $X_1, X_2, \cdots, X_n$ 的一组观测值时，函数值 $f(x_1, x_2, \cdots, x_n)$ 就是相应的统计量 $f(X_1, X_2, \cdots, X_n)$ 的一个观测值。

例 6.1　设 $X_1, X_2, \cdots, X_n$ 是来自总体 $X \sim N(\mu, \sigma^2)$ 的一个样本，其中 μ 未知，σ^2 已知，则

$$f_1(X_1,X_2,\cdots,X_n)=\sum_{i=1}^{n}X_i,$$

$$f_2(X_1,X_2,\cdots,X_n)=\frac{1}{\sigma^2}\sum_{i=1}^{n}X_i^2,$$

$$f_3(X_1,X_2,\cdots,X_n)=X_1+5$$

都是统计量，而

$$f_4(X_1,X_2,\cdots,X_n)=\frac{1}{n}\sum_{i=1}^{n}(x_i-\mu)^2,$$

由于含有未知参数 μ，所以不是统计量。

在数理统计中，常用的统计量有样本均值、样本方差和样本标准差

1. 样本均值

设 $X_1,X_2,\cdots,X_n$ 是总体 X 的一个容量为 n 的样本，$x_1,x_2,\cdots,x_n$ 是样本的一组观测值，则把统计量

$$\overline{X}=\frac{1}{n}\sum_{i=1}^{n}X_i \tag{6-1}$$

称为样本均值，它的观测值记作

$$\overline{x}=\frac{1}{n}\sum_{i=1}^{n}x_i, \tag{6-2}$$

它们反映了总体 X 取值的平均状态。

2. 样本方差、样本标准差

设 $X_1,X_2,\cdots,X_n$ 是总体 X 的一个容量为 n 的样本，$x_1,x_2,\cdots,x_n$ 是样本的一组观测值，则把统计量

$$S^2=\frac{1}{n-1}\sum_{i=1}^{n}(X_i-\overline{X})^2 \tag{6-3}$$

称为样本方差，它的观测值记作

$$s^2=\frac{1}{n-1}\sum_{i=1}^{n}(x_i-\overline{x})^2。 \tag{6-4}$$

另外，样本方差 S^2 的表达式(6.3)也可以简化为

$$S^2=\frac{1}{n-1}\left(\sum_{i=1}^{n}X_i^2-n\overline{X}^2\right), \tag{6-5}$$

这是由于

$$\begin{aligned} S^2 &= \frac{1}{n-1}\sum_{i=1}^{n}(X_i-\overline{X})^2 \\ &= \frac{1}{n-1}\sum_{i=1}^{n}(X_i^2-2X_i\overline{X}+\overline{X}^2) \\ &= \frac{1}{n-1}\left(\sum_{i=1}^{n}X_i^2-2\overline{X}\sum_{i=1}^{n}X_i+n\overline{X}^2\right) \\ &= \frac{1}{n-1}\left(\sum_{i=1}^{n}X_i^2-2\overline{X}\cdot n\overline{X}+n\overline{X}^2\right) \\ &= \frac{1}{n-1}\left(\sum_{i=1}^{n}X_i^2-n\overline{X}^2\right), \end{aligned}$$

于是,样本方差的观测值 s^2 的表达式(6.4)也可以简化为

$$s^2=\frac{1}{n-1}\left(\sum_{i=1}^{n}x_i^2-n\overline{x}^2\right)。\tag{6-6}$$

我们将

$$S=\sqrt{S^2}=\sqrt{\frac{1}{n-1}\sum_{i=1}^{n}(X_i-\overline{X})^2}\tag{6-7}$$

称为样本标准差,它的观测值记作

$$s=\sqrt{s^2}=\sqrt{\frac{1}{n-1}\sum_{i=1}^{n}(x_i-\overline{x})^2},\tag{6-8}$$

它们反映了总体的离散程度。

为了计算样本均值 $\overline{x}$、样本方差 s^2 和样本标准差 s,借助于具有统计计算功能的电子计算器或利用统计计算软件在电子计算机上进行计算,可以大大节省计算的工作量。对于各种不同型号的电子计算器及不同的统计计算软件,详细的计算方法请参阅所用计算器的说明书或所用统计计算软件的提示。

例 6.2　某厂实行计件工资制,为了及时了解情况,随机抽取 30 名工人,调查各自在一周内加工的零件数,然后按规定算出每名工人的周工资如下(单位:元):

156 134 160 141 159 141 161 157 171 155 149 144 169 138 168

147 153 156 125 156 135 156 151 155 146 155 157 198 161 151

这便是一个容量为 30 的样本观测值，其样本均值为

$$\bar{x}=\frac{1}{30}(156+134+\cdots+161+151)=153.5$$

它反映了该厂工人周工资的一般水平。

进一步我们计算样本方差

$$s^2=\frac{1}{30-1}\left(\sum_{i=1}^{30}x_i^2-30\bar{x}^2\right)=\frac{1}{30-1}\times 5287.5=182.3278,$$

样本标准差为

$$s=\sqrt{182.3278}=13.50。$$

6.1.3 抽样分布

在数理统计中，常用的分布除正态分布外，还有 χ^2 分布和 t 分布。我们来介绍这两种常用的分布，以后我们将看到这些分布在数理统计中的重要作用。

1. χ^2 分布

设随机变量 $X_1,X_2,\cdots,X_n$ 相互独立，且都服从标准正态分布 $N(0,1)$，则将统计量

$$\chi^2=X_1^2+X_2^2+\cdots+X_n^2=\sum_{i=1}^{n}X_i^2 \tag{6-9}$$

所服从的分布称为自由度为 n 的 χ^2 分布，记作 $\chi^2\sim\chi^2(n)$，这里的自由度 n 不妨理解为所包含的独立随机变量的个数。

本书后附录表 2 中，对某些不同的 n 和 $\alpha(0<\alpha<1)$，给出了满足

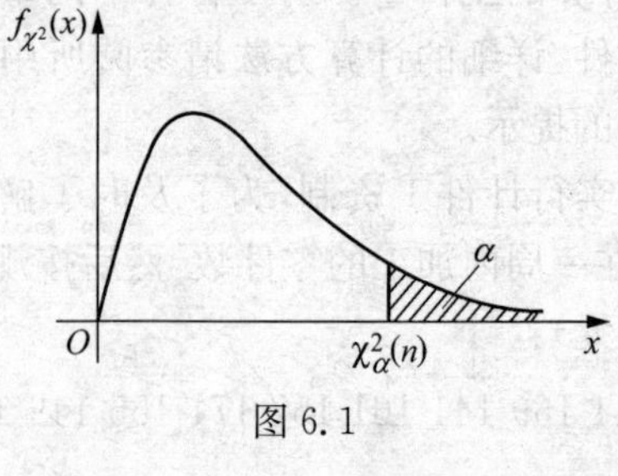

图 6.1

等式

$$P\{\chi^2 \geqslant \chi_\alpha^2(n)\} = \int_{\chi_\alpha^2(n)}^{+\infty} + (x)\mathrm{d}x = \alpha \qquad (6\text{-}10)$$

的临界值 $\chi_\alpha^2(n)$ 的数值，如图 6.1 所示，其中 $\chi^2 \sim \chi^2(n)$。例如，由表可查得：$\chi_{0.05}^2(6)=12.592$，$\chi_{0.1}^2(10)=15.987$ 等等。

例 6.3　$X_1, X_2, X_3, X_4, X_5, X_6$ 是取自 $X \sim N(0,1)$ 的样本，则

$$\sum_{i=1}^{6} X_i^2 = \chi^2 \sim \chi^2(6),$$

给定 $\alpha=0.05$，则

$$\chi_{0.05}^2(6)=12.6$$
$$P\{X^2 \geqslant 12.6\}=0.05。$$

2. t 分布

设随机变量 X, Y 相互独立，并且 X 服从标准正态分布 $N(0,1)$，Y 服从自由度为 n 的 χ^2 分布 $\chi^2(n) \sim \chi^2(n)$，则将随机变量

$$t = \frac{X}{\sqrt{Y/n}} \qquad (6\text{-}11)$$

所服从的分布称为自由度为 n 的 t 分布，记作 $t \sim t(n)$。

本书后附录表 3 中，对某些不同的 n 和 $\alpha(0<\alpha<1)$，给出了满足等式

$$P\{t \geqslant t_\alpha(n)\} \int_{t_\alpha(n)}^{+\infty} + (x)\mathrm{d}x = \alpha \qquad (6\text{-}12)$$

的临界值 $t_\alpha(n)$ 的数值，如图 6.2 所示，其中 $t \sim t(n)$。例如，由表可查得：$t_{0.05}(6)=1.943$，$t_{0.01}(10)=2.76$ 等等。

在研究数理统计问题时，往往首先需要知道所讨论的统计量 $f(X_1, X_2, \cdots, X_n)$ 的分布，将统计量的分布称为抽样分布。一般来说，要确定某个统计量的分布是困难的，有时甚至是不可能的。然而对于总体 X 服从正态分布的情形已经有了详尽的研究。下面讨论服从正态分布的总体的某些统计量的分布。

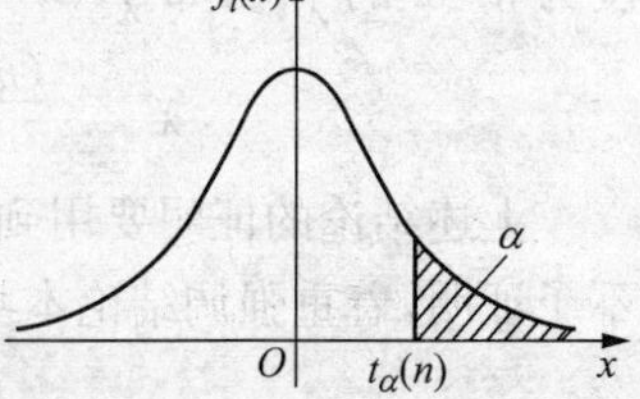

图 6.2

(1) 统计量 $u=\dfrac{\overline{X}-\mu}{\sigma/\sqrt{n}}$

如果 $X_1,X_2,\cdots,X_n$ 是取自正态总体 $X\sim N(\mu,\sigma^2)$ 的一个样本，可以证明，样本均值 $\overline{X}$ 也是一个正态随机变量，且

$$\overline{X}\sim N\left(\mu,\frac{\sigma^2}{n}\right)。\tag{6-13}$$

将其标准化的随机变量 $u=\dfrac{\overline{X}-\mu}{\sigma/\sqrt{n}}$ 服从标准正态分布 $N(0,1)$，记为

$$u=\frac{\overline{X}-\mu}{\sigma/\sqrt{n}}\sim N(0,1)。\tag{6-14}$$

(2) 统计量 $t=\dfrac{\overline{X}-\mu}{S/\sqrt{n}}$

如果 $X_1,X_2,\cdots,X_n$ 是取自正态总体 $X\sim N(\mu,\sigma^2)$ 的一个样本，样本均值为 $\overline{X}$，样本方差为 S^2，可以证明，统计量 $t=\dfrac{\overline{X}-\mu}{S/\sqrt{n}}=\dfrac{1}{\sigma^2}\sum\limits_{i=1}^{n}(X_i+\overline{X})^2$ 服从自由度为 $n-1$ 的 t 的分布 $t(n-1)$，记为

$$t=\frac{\overline{X}-\mu}{S/\sqrt{n}}\sim t(n-1)。\tag{6-15}$$

(3) 统计量 $\chi^2=\dfrac{(n-1)S^2}{\sigma^2}$

如果 $X_1,X_2,\cdots,X_n$ 是取自正态总体 $X\sim N(\mu,\sigma^2)$ 的一个样本，样本均值为 $\overline{X}$，样本方差为 S^2，可以证明，统计量 $\chi^2=\dfrac{(n-1)S^2}{\sigma^2}$ 服从自由度为 $n-1$ 的 χ^2 分布 $\chi^2(n-1)$，记为

$$\chi^2=\frac{(n-1)S^2}{\sigma^2}\sim\chi^2(n-1)。\tag{6-16}$$

上述结论的证明要用到较多的线性代数等方面的知识，所以本书不予证明，着重强调结论本身。

6.2 点估计

在实际问题中,所碰到的总体常常是分布类型大致知道,但依赖于一个或几个未知参数,要了解它们的概率分布情况,就要估计未知参数的值,这类问题称为参数估计。参数估计一般分为点估计和区间估计两种。所谓点估计,就是用其一个函数值作为未知参数的估计值;区间估计就是对于未知参数给出一个范围,并且在一定可靠度下使这个范围包含未知参数的真值。

首先讨论参数的点估计:

设总体 X 的分布中含有未知参数 θ,从总体 X 中抽取样本 $X_1, X_2, \cdots, X_n$,相应的样本观测值是 $x_1, x_2, \cdots, x_n$。点估计问题就是要求出适当的统计量 $\hat{\theta}(X_1, X_2, \cdots, X_n)$,用它的观测值 $\hat{\theta}(x_1, x_2, \cdots, x_n)$作为未来参数 θ 的估计值,则 $\hat{\theta}(X_1, X_2, \cdots, X_n)$称为参数 θ 的点估计量,$\hat{\theta}(x_1, x_2, \cdots, x_n)$称为参数 θ 的点估计值。

当总体 X 的分布中含有 k 个未知参数 $\theta_1, \theta_2, \cdots, \theta_k$ 时,则需要求出 k 个统计量

$$\hat{\theta}_1 = \hat{\theta}_1(X_1, X_2, \cdots, X_n), \hat{\theta}_2 = \hat{\theta}_2(X_1, X_2, \cdots, X_n), \cdots,$$
$$\hat{\theta}_k = \hat{\theta}_k(X_1, X_2, \cdots, X_n)$$

分别作为 $\theta_1, \theta_2, \cdots, \theta_k$ 的点估计量;用它们的观测值

$$\hat{\theta}_1 = \hat{\theta}_1(x_1, x_2, \cdots, x_n), \hat{\theta}_2 = \hat{\theta}_2(x_1, x_2, \cdots, x_n), \cdots,$$
$$\hat{\theta}_k = \hat{\theta}_k(x_1, x_2, \cdots, x_n)$$

分别记为 $\theta_1, \theta_2, \cdots, \theta_k$ 的点估计值。

现在介绍两种求未知参数的点估计量(或点估计值)的方法:矩估计法和极大似然估计法。

6.2.1 矩估计法

由于样本来自总体,在一定程度上反映了总体的信息,所以人们自

然而然地想到用样本的数字特征来作为总体相应的数字特征的估计，这种估计的方法称为矩估计法。

设 $x_1, x_2, \cdots, x_n$ 是总体 X 的一个样本观测值，矩估计法就是指分别用样本的均值 $\bar{x}$ 和样本的方差 s^2 来作为总体的均值 μ 和方差 σ^2 的点估计值，即

$$\hat{\mu} = \bar{x} = \frac{1}{n}\sum_{i=1}^{n} x_i, \tag{6-17}$$

$$\hat{\sigma}^2 = s^2 = \frac{1}{n-1}\sum_{i=1}^{n}(x_i - \bar{x})^2。 \tag{6-18}$$

例 6.4　设某种灯泡的寿命 $X \sim N(\mu, \sigma^2)$，其中 μ, σ^2 都是未知的，在这批灯泡中随机抽取 10 只，测得其寿命(单位:小时)如下：

948　920　1 156　1 067　919　1 196　1 126　785　936　918

试用矩估计法估计 μ 和 σ^2。

解　由矩估计法知，可用样本均值来估计总体均值 μ，用样本方差来估计总体方差 σ^2，于是

$$\hat{\mu} = \bar{x} = \frac{1}{10}\sum_{i=1}^{10} x_i = 997.1, \hat{\sigma}^2 = s^2 = \frac{1}{9}\sum_{i=1}^{10}(x_i - \bar{x})^2 = 17\,304.77。$$

例 6.5　设总体 X 的概率密度为

$$f(x) = \begin{cases} (\alpha+1)x^{\alpha} & (0 < x < 1), \\ 0 & (\text{其他}), \end{cases}$$

其中 $\alpha > -1$ 是未知参数，$X_1, X_2, \cdots, X_n$ 是取自 X 的样本，求参数 α 的矩估计。

解　数学期望是一阶原点矩

$$\mu_1 = E(X) = \int_0^1 x(\alpha+1)x^{\alpha}\,\mathrm{d}x = (\alpha+1)\int_0^1 x^{\alpha+1}\,\mathrm{d}x = \frac{\alpha+1}{\alpha+2},$$

其样本矩为 $\bar{X} = \dfrac{\alpha+1}{\alpha+2}$，而 $\hat{\alpha} = \dfrac{2\bar{X}-1}{1-\bar{X}}$ 即为 α 的矩估计。

6.2.2　极大似然估计法

极大似然估计法的直观想法是，如果一个随机试验有 n 种可能结

果$A_1,A_2,\cdots,A_n$，若在一次试验中，结果$A_k(1\leqslant k\leqslant n)$发生了，则一般认为试验条件对$A_k$发生最有利，也就是$A_k$发生的概率最大。即在已经得到实验结果的情况下，寻找使这个结果出现的可能性最大的那个θ值，作为θ的估计$\widehat{\theta}$。我们来看一个例子。

例 6.6　设有外形完全相同的两个箱子，甲箱中有 99 个白球和 1 个黑球，乙箱中有 1 个白球和 99 个黑球，今随机地抽取一箱，再从取出的一箱中取出一球，结果取得白球，问这球是从哪个箱子中取出？

解　甲箱中抽得白球的概率$P(白|甲)=\frac{99}{100}$，乙箱中抽得白球的概率$P(白|乙)=\frac{1}{100}$。

由此看到，这一白球从甲箱中抽出的概率比从乙箱中抽出的概率大得多，既然在一次抽样中抽得白球，当然可以认为是由概率大的箱子中抽出的，所以我们作出统计推断是从甲箱中抽出的，这一推断也符合人们长期的实践经验。

下面就依据上述基本思想来寻求θ的估计值$\hat{\theta}$。

设总体X的概率分布为$p(x;\theta)$，其中θ是未知参数，从总体X中抽取样本$X_1,X_2,\cdots,X_n$，如果得到的样本观测值为$x_1,x_2,\cdots,x_n$，则表明随机事件“$X_1=x_1,X_2=x_2,\cdots,X_n=x_n$”发生了。因为随机变量$X_1,X_2,\cdots,X_n$相互独立，并且与总体$X$具有相同的概率分布，所以上述$n$个相互独立的随机事件的积的概率为

$$P\Big(\bigcap_{i=1}^{n}(X_i=x_i)\Big)=\prod_{i=1}^{n}P(X_i=x_i)=\prod_{i=1}^{n}p(x_i,\theta),$$

称此函数为θ的似然函数，记作$L(\theta)$，即

$$L(\theta)=\prod_{i=1}^{n}p(x_i,\theta)。\tag{6-19}$$

似然函数$L(\theta)$的值的大小意味着该样本值出现的可能性的大小，在已得的样本值$x_1,x_2,\cdots,x_n$的情况下，则应该选择使$L(\theta)$达到最大值的那个θ作为θ的估计值。因此，我们应当在参数θ的取值范围内，选择适当的$\hat{\theta}$，使$L(\hat{\theta})$是$L(\theta)$的极大值，则$\hat{\theta}$就是θ的极大似然估计

值。

由于 $L(\theta)$ 与 $\ln L(\theta)$ 同时达到极大值，故只需求 $\ln L(\theta)$ 的极大值即可，这样在计算中常常带来很大方便。求 $\ln L(\theta)$ 的极大值通常采用微分学中求极值的方法，即从方程

$$\frac{\mathrm{d}\ln L(\theta)}{\mathrm{d}\theta}=0 \tag{6-20}$$

中求出 $\hat{\theta}$，上面这个方程称为似然方程。

求极大似然估计的一般方法：

求未知参数 θ 的极大似然估计问题，归结为求似然函数 $L(\theta)$ 的最大值点的问题，当似然函数关于未知参数可微时，可利用微分学中求极大值的方法求之。其主要步骤如下：

① 写出似然函数 $L(\theta)=L(x_1,x_2\cdots x_n;\theta)$；

② 令 $\frac{\mathrm{d}L(\theta)}{\mathrm{d}\theta}=0$ 或 $\frac{\mathrm{d}\ \ln L(\theta)}{\mathrm{d}\theta}=0$，求出驻点；

③ 判断并求出极大值点，在极大值点的表达式中，用样本值代入即得参数的极大似然估计值。

例 6.7 设总体分布为泊松分布 $P(\lambda)$，其中 λ 为未知参数，如果取的样本观察值为 $x_1,x_2,\cdots,x_n$，求参数 λ 的极大似然估计值。

解 已知概率分布

$$P(X=x)=\frac{\lambda^x}{x!}\mathrm{e}^{-\lambda},$$

则按式(6-19)似然函数

$$L(\lambda)=\prod_{i=1}^{n}\frac{\lambda^{x_i}}{x_i!}\mathrm{e}^{-\lambda}=\frac{\lambda^{\sum\limits_{i=1}^{n}x_i}}{\prod\limits_{i=1}^{n}(x_i!)}\mathrm{e}^{-n\lambda},$$

取对数，得

$$\ln L(\lambda)=\left(\sum_{i=1}^{n}x_i\right)\ln\lambda-\sum_{i=1}^{n}\ln(x_i!)-n\lambda,$$

于是按式(6-20)得似然方程

$$\frac{\mathrm{d}\ln L(\lambda)}{\mathrm{d}\lambda}=\frac{1}{\lambda}\sum_{i=1}^{n}x_i-n=0,$$

由此解得 λ 的极大似然估计值为

$$\hat{\lambda} = \frac{1}{n}\sum_{i=1}^{n} x_i = \bar{x}。$$

当总体 X 的分布中含有多个未知参数 $\theta_1,\theta_2,\cdots,\theta_k$ 时，极大似然估计法也是适用的。这时，得到的似然函数 L 就是这些参数的多元函数 $L(\theta_1,\theta_2,\cdots,\theta_k)$。为了求似然函数 L 的极大值，代替方程(6-20)，有方程组

$$\frac{\partial \ln L}{\partial \theta_j} = 0 \quad (j = 1,2,\cdots,k), \tag{6-21}$$

解方程组(6-21)，就可以得到参数 $\theta_1,\theta_2,\cdots,\theta_k$ 的极大似然估计值。

例 6.8　设总体分布为泊松分布 $P(\lambda)$，其中 λ 为 $x_1,x_2\cdots x_n$，求参数 λ 的极大似然估计值。

解　已知概率分布为

$$P(X=x)=\frac{\lambda^x}{x!}e^{-\lambda},$$

则按式(6-19)，似然函数为

$$L(\lambda) = \prod_{i=1}^{n}\frac{\lambda^{x_i}}{x_i!}e^{-\lambda} = \frac{\lambda\sum\limits_{i=1}^{n}x_i}{\prod\limits_{i=1}^{n}(x_i!)}e^{-n\lambda},$$

取对数，得

$$\ln L(\lambda) = \left(\sum_{i=1}^{n}x_i\right)\ln\lambda - \sum_{i=1}^{n}\ln(x_i!) - n\lambda,$$

于是按式(6-20)得似然方程

$$\frac{d\ln L(\lambda)}{d\lambda} = \frac{1}{\lambda}\sum_{i=1}^{n}x_i - n = 0,$$

由此解得 λ 的极大似然估计值为

$$\hat{\lambda} = \frac{1}{n}\sum_{i=1}^{n}x_i = \bar{x}.$$

当总体 X 的分布中含有多个未知参数 $\theta_1,\theta_2,\cdots,\theta_k$ 时，极大似然估计法也是适用的。这时，我们得到的似然函数 L 就是这些参数的多

元函数 $L(\theta_1,\theta_2,\cdots,\theta_k)$。为了求似然函数 L 的极大值，代替方程(6-20)，我们有方程组

$$\frac{\partial \ln L}{\partial \theta_j}=0 \quad (j=1,2,\cdots,k), \tag{6-22}$$

解方程组(6.22)，就可以得到参数 $\theta_1,\theta_1,\cdots,\theta_k$ 的极大似然估计值。

例 6.9 设 $X_1,X_2,\cdots,X_n$ 是取自正态总体二项分布 $X\sim B(1,p)$ 的样本，求参数 p 的极大似然估计。

解 设 $x_1,x_2\cdots x_n$ 是相应于样本 $X_1,X_2,\cdots,X_n$ 的一个样本值，X 的分布律为

$$P\{X=x\}=p^x(1-p)^{1-x},x=0.1,$$

故似然函数为

$$L(p)=\prod_{i=1}^{n}p^{x_i}(1-p)^{1-x_i}=p^{\sum\limits_{i=1}^{n}x_i}(1-p)^{n-\sum\limits_{i=1}^{n}x_i},$$

而
$$\ln L(p)=(\sum_{i=1}^{n}x_i)\ln p+(n-\sum_{i=1}^{n}x_i)\ln(1-p),$$

令
$$\frac{\mathrm{d}}{\mathrm{d}p}\ln L(p)=\frac{\sum\limits_{i=1}^{n}x_i}{p}-\frac{n-\sum\limits_{i=1}^{n}x_i}{1-p}=0,$$

解得 p 的极大似然估计值为

$$\hat{p}=\frac{1}{n}\sum_{i=1}^{n}x_i=\bar{x},$$

p 的极大似然估计量为

$$\hat{p}=\frac{1}{n}\sum_{i=1}^{n}x_i=\overline{X}。$$

6.2.3 估计量的优劣性

上面介绍了两种求总体分布中未知参数的点估计的方法。应当指出，对于同一个参数，用不同的估计法得到的点估计量不一定相同，那么究竟用哪种估计法好呢？为此，应当建立衡量估计量好坏的标准。根据不同的要求，评价估计值的好坏可以有各种各样的标准。这里介绍两种最常用的标准。

1. 无偏性

设 $\hat{\theta}(X_1, X_2, \cdots, X_n)$是未知参数 θ 的一个估计量,若 $\hat{\theta}$ 的数学期望存在且等于 θ,即

$$E(\hat{\theta}) = \theta, \tag{6-23}$$

则称 $\hat{\theta}(X_1, X_2, \cdots, X_n)$为 θ 的无偏估计量。如果样本观测值为 x_1, $x_2, \cdots, x_n$,则称 $\hat{\theta}(x_1, x_2, \cdots, x_n)$为 θ 的无偏估计值。

显然,用参数 θ 的无偏估计量 $\hat{\theta}$ 代替参数 θ 时所产生的误差的数学期望为零,即不含有系统误差。

例 6.10　设总体 $X \sim N(\mu, \sigma^2)$,试证明:样本均值 $\overline{X}$ 及样本方差 S^2 分别是 μ 和 σ^2 的无偏估计量。

证明　因 $E(\overline{X}) = E\left(\frac{1}{n}\sum_{i=1}^{n} X_n\right) = \frac{1}{n}\sum_{i=1}^{n} E(X_i) = \frac{1}{n} n\mu = \mu$,

$$E(S^2) = E\left[\frac{1}{n-1}\left(\sum_{i=1}^{n} X_i^2 - n\overline{X}^2\right)\right] = \frac{1}{n-1}\left(\sum_{i=1}^{n} E(X_i^2) - nE(\overline{X}^2)\right)$$

$$= \frac{1}{n-1}\left[n(\sigma^2 + \mu^2) - n\left(\frac{\sigma^2}{n} + \mu^2\right)\right] = \sigma^2,$$

所以样本均值及样本方差 S^2 分别是 μ 和 σ^2 无偏估计量。

应当指出,同一参数 θ 的无偏估计量不是唯一的。例如,我们有 $E(X_i) = \mu$,这表明任一样本 $X_i (i = 1, 2, \cdots, n)$都是总体均值 μ 的无偏估计量。在参数 θ 的许多无偏估计量中,当然是对 θ 的平均偏差较小者为好,也就是说,较好的估计量应当有尽可能小的方差。为此,我们引进点估计的第二个标准。

2. 有效性

设 $\hat{\theta}_1 = \hat{\theta}_1(X_1, X_2, \cdots, X_n)$和 $\hat{\theta}_2 = \hat{\theta}_2(X_1, X_2, \cdots, X_n)$都是参数 θ 的无偏估计量,如果

$$D(\hat{\theta}_1) < D(\hat{\theta}_2), \tag{6-24}$$

则称估计量 $\hat{\theta}_1$ 比 $\hat{\theta}_2$ 有效;设 $\hat{\theta}(X_1, X_2, \cdots, X_n)$是参数 θ 的无偏估计量,如果对于给定的样本容量 n,$\hat{\theta}$ 的方差 $D(\hat{\theta})$最小,则称 $\hat{\theta}$ 是 θ 的有

效估计量。

例 6.11　设总体 $X \sim N(\mu,\sigma^2)$，$D(X)=\sigma^2$ 有限，则估计值 $\hat{\mu}_1=\overline{X}$，$\hat{\mu}_2=\frac{1}{2}(\min X_i+\max X_i)$ 都是 $E(X)=\mu$ 的无偏估计，问哪一个更有效？

解　由

$$D(\hat{\mu}_1)=D(\overline{X})=D\left(\frac{1}{n}\sum_{i=1}^{n}X_i\right)=\frac{1}{n^2}\sum_{i=1}^{n}D(X_i)=\frac{1}{n}\sigma^2,$$

$$D(\hat{\mu}_2)=D\left(\frac{\min X_i+\max X_i}{2}\right)=\frac{\sigma^2+\sigma^2}{4}=\frac{\sigma^2}{2},$$

可知，当 $n>3$ 时，$D(\hat{\mu}_1)<D(\hat{\mu}_2)$。所以当 $n>3$ 时，用 $\hat{\mu}_1=\overline{X}$ 作为总体数学期望 $E(X)=\mu$ 无偏估计量比 $\hat{\mu}_2$ 更有效。

实际上可以证明，样本均值 $\overline{X}$ 是 μ 的有效估计值。

6.3　区间估计

用点估计来估计总体参数时，即使是无偏有效的估计量，也会由于样本的随机性，从一个样本算得的估计值一般不是参数的真值，即使估计值真正等于参数的真值，又由于参数值本身是未知的，也无从肯定就是相等。

若要根据估计量的分布，在一定的可靠程度下，指出被估计的总体参数所在的可能数值范围，这就是参数的区间估计要解决的问题。

在区间估计的理论中，被广泛接受的一种观点是置信区间，它是由纽曼(Neymann)于 1934 年提出的。

其具体做法是：找两个统计量 $\hat{\theta}_1=\hat{\theta}_1(X_1,X_2,\cdots,X_n)$ 和 $\hat{\theta}_2=\hat{\theta}_2(X_1,X_2,\cdots,X_n)$，使得对于给定的 $\alpha(0<\alpha<1)$，有

$$P(\hat{\theta}_1<\theta<\hat{\theta}_2)=1-\alpha, \tag{6-25}$$

则将随机区间 $(\hat{\theta}_1,\hat{\theta}_2)$ 称为参数 θ 的置信度(或置信水平)为 $1-\alpha$ 的置信区间，$\hat{\theta}_1$ 和 $\hat{\theta}_2$ 分别称为置信下限和置信上限。

对于给定的置信度 $1-\alpha$，根据样本观测值来确定未知参数 θ 的置

信区间$(\hat{\theta}_1,\hat{\theta}_2)$，称为参数$\theta$的区间估计。

关于区间估计问题，如果已知统计量的分布，则问题不难解决，在前面已经讨论了正态总体的某些统计量的分布，下面就讨论正态总体中的未知参数的区间估计问题。

6.3.1　单个正态总体均值的区间估计

(1) 设总体$X \sim N(\mu,\sigma^2)$，已知$\sigma=\sigma_0$，求未知参数μ的置信区间

由式(6-14)知，统计量$u=\dfrac{\overline{X}-\mu}{\sigma_0/\sqrt{n}} \sim N(0,1)$，为了求未知参数$\mu$的置信区间，我们先引进临界值$u_\alpha$。对于给定的$\alpha$，数$u_\alpha$由等式

$$P(u \geqslant u_\alpha)=\frac{1}{\sqrt{2\pi}}\int_{u_\alpha}^{+\infty} e^{-\frac{x^2}{2}}\,dx=\alpha \tag{6-26}$$

确定，如图 6.3 所示。

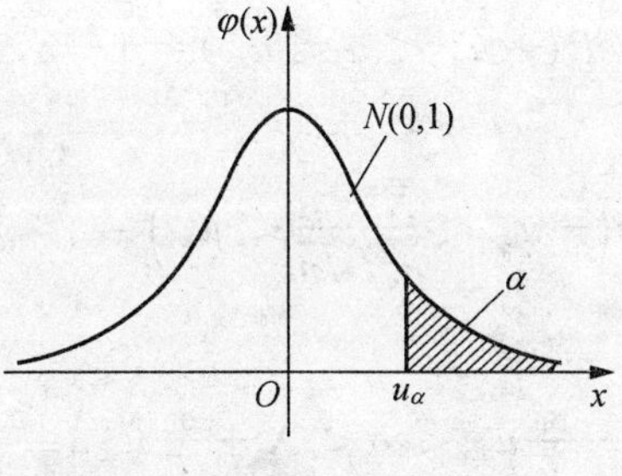

图 6.3

由本书附录表 1 不难查得u_α的值。例如，当$\alpha=0.05$时，有

$$P(u \geqslant u_{0.05})=1-P(u<u_{0.05})=1-\Phi(u_{0.05})=0.05,$$

由此得

$$\Phi(u_{0.05})=0.95,$$

查附录表 1，得$\Phi(1.64)=0.9495$，$\Phi(1.65)=0.9505$，可知$u_{0.05}=1.645$。

又如，当$\alpha=0.025$时，我们有

$$P(u \geqslant u_{0.025})=1-P(u<u_{0.025})=1-\Phi(u_{0.025})=0.025,$$

由此得

$$\Phi(u_{0.025}) = 0.975,$$

查附录表 1,得

$$u_{0.025} = 1.96。$$

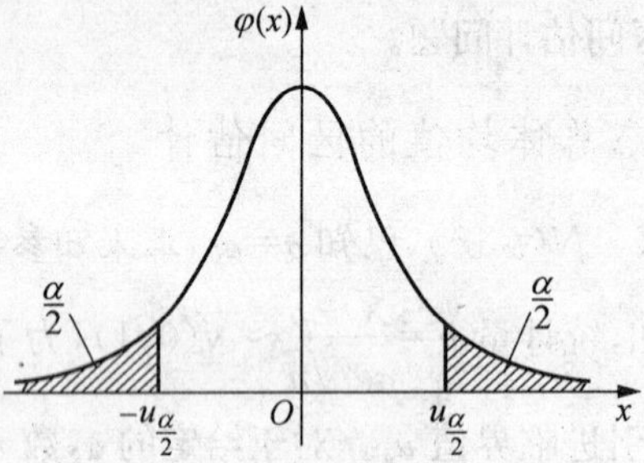

图 6.4

对于给定的置信度 $1-\alpha$,我们选取区间$(-u_{\frac{\alpha}{2}}, u_{\frac{\alpha}{2}})$,如图 6.4 所示,使得

$$P(-u_{\frac{\alpha}{2}} < u < u_{\frac{\alpha}{2}}) = 1-\alpha,$$

即

$$P\left(-u_{\frac{\alpha}{2}} < \frac{\overline{X}-\mu}{\sigma_0/\sqrt{n}} < u_{\frac{\alpha}{2}}\right) = 1-\alpha,$$

即

$$P\left(\overline{X}-\frac{\sigma_0}{\sqrt{n}}u_{\frac{\alpha}{2}} < \mu < \overline{X}+\frac{\sigma_0}{\sqrt{n}}u_{\frac{\alpha}{2}}\right) = 1-\alpha。\tag{6-27}$$

因此,总体均值 μ 的置信度为 $1-\alpha$ 的置信区间为

$$\left(\overline{X}-\frac{\sigma}{\sqrt{n}}u_{\frac{\alpha}{2}}, \overline{X}+\frac{\sigma}{\sqrt{n}}u_{\frac{\alpha}{2}}\right)。\tag{6-28}$$

例 6.12　来自正态总体 $X \sim N(\mu, 0.9^2)$,容量为 9 的简单随机样本,若得到样本均值 $\overline{x}=5$,求未知参数 μ 的置信度为 0.95 的置信区间。

解　置信度 $1-\alpha=0.95$,则 $\alpha=0.05$,查附录表 1,得临界值 $u_{\frac{\alpha}{2}} = u_{0.025} = 1.96$。

于是,μ 的置信限为

$$\bar{x} \pm \frac{\sigma_0}{\sqrt{n}} u_{\frac{\alpha}{2}} = 5 \pm \frac{0.9}{\sqrt{9}} \times 1.96 = 5 \pm 0.588。$$

因此,均值 μ 的置信度为 0.95 的置信区间为(4.412,5.588)。

(2) 设总体 $X \sim N(\mu, \sigma^2)$,σ 未知,求未知参数 μ 的置信区间

由式(6-15)知,统计量

$$t = \frac{\overline{X} - \mu}{S/\sqrt{n}} \sim t(n-1),$$

对于给定的置信度 $1-\alpha$,我们选取区间 $(-t_{\frac{\alpha}{2}}(n-1), t_{\frac{\alpha}{2}}(n-1))$,如图 6.5所示,使得

$$P(-t_{\frac{\alpha}{2}}(n-1) < t < t_{\frac{\alpha}{2}}(n-1)) = 1-\alpha,$$

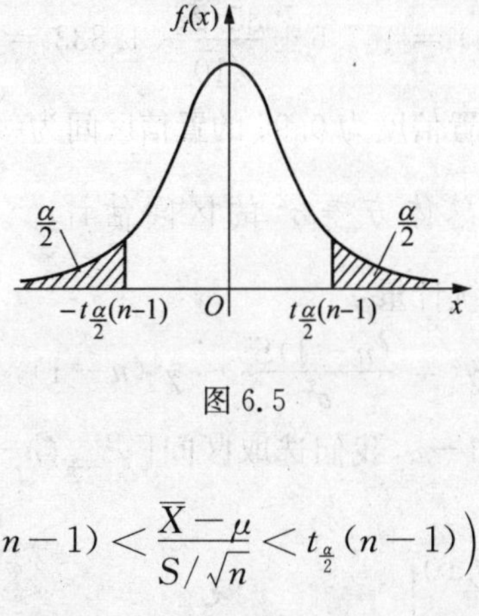

图 6.5

即

$$P\left(-t_{\frac{\alpha}{2}}(n-1) < \frac{\overline{X} - \mu}{S/\sqrt{n}} < t_{\frac{\alpha}{2}}(n-1)\right) = 1-\alpha,$$

即

$$P\left(\overline{X} - \frac{S}{\sqrt{n}} t_{\frac{\alpha}{2}}(n-1) < \mu < \overline{X} + \frac{S}{\sqrt{n}} t_{\frac{\alpha}{2}}(n-1)\right) = 1-\alpha。 \tag{6-29}$$

因此,总体均值 μ 的置信度为 $1-\alpha$ 的置信区间为

$$\left(\overline{X} - \frac{S}{\sqrt{n}} t_{\frac{\alpha}{2}}(n-1), \overline{X} + \frac{S}{\sqrt{n}} t_{\frac{\alpha}{2}}(n-1)\right)。 \tag{6-30}$$

例 6.13　已知某种木材横纹抗压力的实验值服从正态分布,对 10 个试体作横纹抗压力试验,得数据如下:(单位:kg/cm^2)

482 493 457 471 510 446 435 418 394 469

试对该木材平均横纹抗压力进行区间估计($\alpha=0.1$)。

解 由式(6-2)得

$$\bar{x}=\frac{1}{10}\sum_{i=1}^{10}x_i=457.5,$$

由式(6-8)得

$$s=\sqrt{\frac{1}{9}\sum_{i=1}^{10}(x_i-\bar{x})^2}=35.2,$$

由 $\alpha=0.1, n=10$,查附录表 3,得 $t_{\frac{\alpha}{2}}(n-1)=t_{0.05}(9)=1.833$,于是,$\mu$ 的置信限为

$$\bar{x}\pm\frac{s}{\sqrt{n}}t_{\frac{\alpha}{2}}(n-1)=457.5\pm\frac{35.2}{\sqrt{10}}\times 1.833=457.5\pm 20.4。$$

因此,均值 μ 的置信度为 0.95 的置信区间为(437.1,477.9)。

6.3.2 单个正态总体方差 σ^2 的区间估计

由式(3-16)知,统计量

$$\chi^2=\frac{(n-1)S^2}{\sigma^2}\sim\chi^2(n-1),$$

对于给定的置信度 $1-\alpha$,我们选取区间 $[\chi^2_{1-\frac{\alpha}{2}}(n-1),\chi^2_{\frac{\alpha}{2}}(n-1)]$,如图 6.6 所示,使得

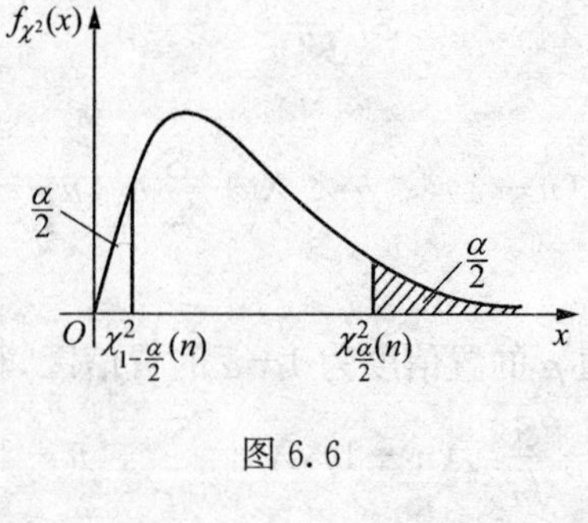

图 6.6

$$\begin{cases} P[\chi^2 > \chi^2_{1-\frac{\alpha}{2}}(n-1)] = 1-\dfrac{\alpha}{2}, \\ P[\chi^2 > \chi^2_{\frac{\alpha}{2}}(n-1)] = \dfrac{\alpha}{2}, \end{cases}$$

从而有

$$P[\chi^2_{1-\frac{\alpha}{2}}(n-1) < \chi^2 < \chi^2_{\frac{\alpha}{2}}(n-1)] = 1-\alpha,$$

即

$$P\left(\chi^2_{1-\frac{\alpha}{2}}(n-1) < \frac{(n-1)S^2}{\sigma^2} < \chi^2_{\frac{\alpha}{2}}(n-1)\right) = 1-\alpha,$$

即

$$P\left(\frac{(n-1)S^2}{\chi^2_{\frac{\alpha}{2}}(n-1)} < \sigma^2 < \frac{(n-1)S^2}{\chi^2_{1-\frac{\alpha}{2}}(n-1)}\right) = 1-\alpha。\tag{6-31}$$

因此，总体方差 σ^2 的置信度为 $1-\alpha$ 的置信区间为

$$\left(\frac{(n-1)S^2}{\chi^2_{\frac{\alpha}{2}}(n-1)}, \frac{(n-1)S^2}{\chi^2_{1-\frac{\alpha}{2}}(n-1)}\right),\tag{6-32}$$

同时，总体标准差 σ 的置信度为 $1-\alpha$ 的置信区间为

$$\left(\sqrt{\frac{(n-1)S^2}{\chi^2_{\frac{\alpha}{2}}(n-1)}}, \sqrt{\frac{(n-1)S^2}{\chi^2_{1-\frac{\alpha}{2}}(n-1)}}\right)。\tag{6-33}$$

例 6.14　14 名足球运动员在比赛前的脉搏(12 秒)次数为

11　13　12　12　13　16　11　11　15　12　12　13　11　11

假使脉搏次数 X 服从正态分布，求 σ^2 的置信度为 0.95 的置信区间。

解　$\bar{x} = \dfrac{1}{14}\sum_{i=1}^{14} x_i = 12.36$，$(n-1)s^2 = \sum_{i=1}^{14}(x_i-\bar{x})^2 = 31.21$，由 $1-\alpha = 0.95$，$\alpha = 0.05$，$n-1 = 13$，查附录表 2，得

$$\chi^2_{1-\frac{\alpha}{2}}(n-1) = \chi^2_{0.975}(13) = 5.01, \chi^2_{\frac{\alpha}{2}}(n-1) = \chi^2_{0.025}(13) = 24.7,$$

于是

$$\frac{(n-1)s^2}{\chi^2_{\frac{\alpha}{2}}(n-1)} = 1.26, \frac{(n-1)s^2}{\chi^2_{1-\frac{\alpha}{2}}(n-1)} = 6.23。$$

因此，σ^2 的置信度为 0.95 的置信区间为(1.26，6.23)。

6.4 假设检验

6.4.1 假设检验的基本思想

我们知道,数理统计的基本任务是根据对样本的考察来对总体的某些情况作出判断,通常是由直观或经验对观测对象总体分布类型或总体分布中的某些参数作出某种假设,然后抽取样本,根据样本提供的有关信息,利用各种方法进行检验,在一定的可靠度下做出拒绝或接受所作假设的结论,这种方法就称为假设检验,把所作的假设称为原假设(或零假设),记作 H_0。

若总体分布类型已知,仅仅涉及到总体分布中未知参数的统计假设,称为参数假设;若总体分布类型未知,对总体分布类型或它的某些特性提出的统计假设,称为非参数假设。本节中仅介绍参数假设问题。

假设检验的基本思想是:先假设 H_0 是正确的,然后构造一个与假设 H_0 有关,概率不超过 $\alpha(0<\alpha<1)$ 的小概率事件 A,如果经过一次试验,事件 A 发生了,而根据小概率事件在一次试验中实际不可能发生的推断原理(即小概率原理),现在却在一次试验中发生了,我们就拒绝原假设 H_0;如果事件 A 未发生,则表明原假设 H_0 与实际结果不矛盾,不能拒绝 H_0,但是也没有理由认为是真实的,不过 H_0 的提出是经过周密地调查和研究的,是有一定依据的,鉴于对原假设的保护,一般就接受了,除非进一步的研究表明应该拒绝它。在检验中给定的 α,称为显著性水平。通常 α 取较小的值,如 0.05 或 0.01。

从上面讨论可知,假设检验一般可以按下列步骤进行:

① 根据实际问题提出原假设 H_0,即说明需要检验的假设的具体内容;

② 选取适当的统计量,并在原假设 H_0 成立的条件下确定该统计量的分布;

③ 对于给定的显著水平 α,根据统计量的分布查表,确定统计量对应于 α 的临界值;

④ 根据样本观测值计算统计量的观测值，并与临界值比较，从而对拒绝或接受原假设 H_0 作出判断。

对于假设检验问题，由于样本抽取的随机性，在进行判断时，有可能出现以下两类错误：一种可能是 H_0 本来正确，却被拒绝了，这种错误称为第一类错误（或拒真错误），发生这种错误的概率不超过显著水平 α；另一种可能是 H_0 本来错误，却被接受了，这种错误称为第二类错误（或受伪错误）。一般来说，当样本容量固定时，使犯两类错误的概率都很小的检验方法是不存在的，由于人们常常把拒绝 H_0 比错误地接受 H_0 看得更重要些，通常先固定犯第一种错误的概率，再尽量使犯第二类的错误的概率小。

6.4.2　单个正态总体均值的检验

(1) 设 $X_1, X_2, \cdots, X_n$ 是取自正态总体 $N(\mu, \sigma^2)$ 的一个样本，$\sigma^2 = \sigma_0^2$ 为已知常数，要检验假设 $H_0: \mu=\mu_0$

选择统计量

$$u = \frac{\overline{X} - \mu_0}{\sigma_0 / \sqrt{n}},$$

在假设 H_0 成立时，$u \sim N(0,1)$，对于给定的显著水平 α，查附录表 1，得临界值 $u_{\frac{\alpha}{2}}$，使

$$P(|u| \geqslant u_{\frac{\alpha}{2}}) = \alpha, \tag{6-34}$$

这说明事件 $A = \{|u| \geqslant u_{\frac{\alpha}{2}}\}$ 是小概率事件。

将样本值代入，算出 u 的值，如果 $|u| \geqslant u_{\frac{\alpha}{2}}$，则说明在一次试验中，小概率事件 A 发生了，由小概率原理，拒绝假设 H_0；否则接受 H_0，这种方法称为 U 检验法。

例 6.15　假定某厂生产一种钢索，它的断裂强度 $X(\mathrm{kg/cm^2})$ 服从正态分布 $N(\mu, 40^2)$。从中选取一个容量为 9 的样本，得 $\bar{x} = 780$ $(\mathrm{kg/cm^2})$，能否据此样本认为这批钢索的断裂强度为 800 $(\mathrm{kg/cm^2})$ $(\alpha=0.05)$。

解　按题意，要检验的假设是 $H_0: \mu_0 = 800$，选取统计量

$$u=\frac{\overline{X}-\mu_0}{\sigma_0/\sqrt{n}},$$

在假设 H_0 成立时，$u\sim N(0,1)$，对于给定的 $\alpha=0.05$，查附录表 1，得临界值

$$u_{\frac{\alpha}{2}}=u_{0.025}=1.96,$$

计算统计量 u 的观测值，得

$$|u|=\left|\frac{780-800}{40/\sqrt{9}}\right|=1.5<1.96,$$

因而，对于给定的显著水平 $\alpha=0.05$ 的条件下，可以接受 H_0，即可以认为这批钢索的断裂强度为 800(kg/cm^2)。

(2) 设 $X_1,X_2,\cdots,X_n$ 是取自正态总体 $N(\mu,\sigma^2)$ 的一个样本，σ^2 为未知常数，要检验假设 $H_0:\mu=\mu_0$

选择统计量

$$t=\frac{\overline{x}-\mu_0}{S/\sqrt{n}},$$

在假设 H_0 成立时，$t\sim t(n-1)$，对于给定的显著水平 α，查附录表 3，得临界值 $t_{\frac{\alpha}{2}}(n-1)$，使

$$P(|t|\geqslant t_{\frac{\alpha}{2}}(n-1))=\alpha, \tag{6-35}$$

这说明事件 $A=\{|t|\geqslant t_{\frac{\alpha}{2}}(n-1)\}$ 是小概率事件。

将样本值代入算出 t 的值，如果 $|t|\geqslant t_{\frac{\alpha}{2}}(n-1)$，则说明在一次试验中，小概率事件 A 发生了，由小概率原理，拒绝假设 H_0；否则接受 H_0，这种方法称为 T 检验法。

例 6.16 假定某种型号玻璃纸的横向延伸率(%)服从正态分布 $N(\mu,\sigma^2)$，现抽取容量 $n=30$ 的样本，其样本均值 $\overline{x}=45.06$，样本标准差 $s=5.818$，能否据此样本认为这批玻璃纸的横向延伸率(%)为 65($\alpha=0.01$)。

解 按题意，要检验的假设是 $H_0:\mu_0=65$，选取统计量

$$t=\frac{\overline{X}-\sigma_0}{S/\sqrt{n}},$$

在假设 H_0 成立时，$t \sim t(29)$，对于给定的 $\alpha=0.01$，查附录表 3，得临界值

$$t_{\frac{\alpha}{2}}(n-1)=t_{0.05}(29)=2.76,$$

计算统计量 t 的观测值

$$|t|=\left|\frac{45.06-65}{5.818/\sqrt{30}}\right|=18.77>2.76,$$

因而，对于给定的显著性水平 $\alpha=0.01$ 的条件下，有 $|t|>t_{0.05}(29)$，拒绝原假设 $H_0: \mu_0=65$，即认为这批玻璃纸是没有达到横向延伸率(%)为 65 的指标。

6.4.3　单个正态总体方差的检验

设 $X_1, X_2, \cdots, X_n$ 是取自正态总体 $N(\mu, \sigma^2)$ 的一个样本，要检验假设 $H_0: \sigma^2=\sigma_0^2$。

选取统计量

$$\chi^2=\frac{(n-1)S^2}{\sigma_0^2},$$

在假设 H_0 成立时，$\chi^2 \sim \chi^2(n-1)$，对于给定的显著水平 α，查附录表 2，得临界值 $\chi^2_{\frac{\alpha}{2}}(n-1)$，$\chi^2_{1-\frac{\alpha}{2}}(n-1)$，使

$$\begin{cases} P(\chi^2 \leqslant \chi^2_{1-\frac{\alpha}{2}}(n-1))=\dfrac{\alpha}{2}, \\ P(\chi^2 \geqslant \chi^2_{\frac{\alpha}{2}}(n-1))=\dfrac{\alpha}{2}, \end{cases} \tag{6-36}$$

这说明事件 $A=\{\chi^2 \leqslant \chi^2_{1-\frac{\alpha}{2}}(n-1)\} \cup \{\chi^2 \geqslant \chi^2_{\frac{\alpha}{2}}(n-1)\}$ 是小概率事件。

将样本值代入，算出 χ^2 的值，如 $\chi^2 \leqslant \chi^2_{1-\frac{\alpha}{2}}(n-1)$ 或 $\chi^2 \geqslant \chi^2_{\frac{\alpha}{1}}(n-1)$，则说明在一次试验中，小概率事件 A 发生了，由小概率原理，拒绝假设 H_0；否则接受 H_0，这种方法称为 χ^2 检验。

例 6.17　某炼铁厂的铁水含碳量 X 在正常情况下服从正态分布。现对操作工艺进行了某些改进，从中抽取 5 炉铁水测得含碳量数据如下：

4.421　4.052　4.357　4.287　4.683

据此是否可以认为新工艺炼出的铁水含碳量的方差仍为 0.108^2 ($\alpha=0.05$)。

解　按题意，要检验的假设是 $H_0: \sigma^2=0.108^2$，选取统计量

$$\chi^2=\frac{(n-1)S^2}{\sigma_0^2},$$

在假设 H_0 成立时，$\chi^2\sim\chi^2(4)$，对于给定的显著性水平 $\alpha=0.05$，查附录表 2，得临界值

$$\chi^2_{1-\frac{\alpha}{2}}=\chi^2_{0.975}(4)=0.484,\chi^2_{\frac{\alpha}{2}}=\chi^2_{0.025}(4)=11.1,$$

由题意

$$s^2=\frac{1}{4}\sum_{i=1}^{5}(x_i-\bar{x})^2=0.052,$$

计算统计量 χ^2 的观测值，得

$$\chi^2=\frac{(n-1)s^2}{\sigma_0^2}=\frac{4\times0.052}{0.108^2}\approx17.833>11.1,$$

因而，在给定的显著水平 $\alpha=0.05$ 条件下，拒绝原假设 $H_0: \sigma^2=0.108^2$，即新工艺炼出的铁水含碳量的方差不能认为是 0.108^2。

小　结

本章主要介绍了数理统计的基本概念、参数估计和假设检验。

通过本章的学习应达到如下的要求：

① 了解总体、样本、统计量和抽样分布的概念；

② 知道矩估计法，掌握极大似然估计法，了解衡量估计量优劣的标准，了解区间估计的概念，掌握单个正态总体均值和方差的区间估计方法；

③ 了解假设检验的基本思想，掌握单个正态总体均值和方差的检验方法。

习题 6

1. 设总体 $X\sim N(\mu,\sigma^2)$，其中 μ 已知，σ^2 未知，又 $X_1,X_2,\cdots,X_n$

是总体 X 的一个样本，试指出下列哪些是统计量，哪些不是统计量：

① $\sum_{i=1}^{n} X_i$；

② $\frac{1}{\sigma^2}\sum_{i=1}^{n}(X_i-\mu)^2$；

③ $\sum_{i=1}^{n} X_i^2$；

④ $\frac{\overline{X}-\mu}{\sigma/\sqrt{n}}$；

⑤ $\frac{\overline{X}-\mu}{s/\sqrt{n}}$。

2. 某商场抽查 10 个柜组，每个柜组某月的人均销售额(万元)分别为：

2.5　2.8　2.9　3.0　3.0　3.2　3.3　3.5　3.8　4.0

求该商场 10 个柜组人均销售额的均值和标准差？

3. 已知一批灯泡的使用寿命 $X\sim N(\mu,\sigma^2)$，其中 μ,σ^2 是未知参数，现从这批灯泡中抽取 10 个进行寿命试验，测得数据如下(单位：时)

1050　1100　1080　1120　1200　1250　1040　1130　1300　1200

试用矩估计法来估计参数 μ 和 σ^2。

4. 设总体 X 服从均匀分布 $U[0,\theta]$，它的密度函数为

$$f(x,\theta)=\begin{cases}\dfrac{1}{\theta} & (0\leqslant x\leqslant\theta),\\ 0 & (\text{其他})。\end{cases}$$

① 求未知参数 θ 的矩估计量；

② 当样本观测值为 0.3，0.8，0.27，0.35，0.62，0.55 时，求 θ 的矩估计值。

5. 设总体 X 的分布密度为

$$p(x;\theta)=\begin{cases}\theta x^{\theta-1} & (x\geqslant 0),\\ 0 & (x<0)\end{cases}\quad(\theta>0),$$

$X_1,X_2,\cdots,X_n$ 是总体 X 的一个样本，求参数 θ 的极大似然估计。

6. 设 X_1,X_2,X_3 是总体 X 的一个样本，试证明：统计量

$$T_1(X_1,X_2,X_3)=\frac{1}{3}X_1+\frac{1}{3}X_2+\frac{1}{3}X_3,$$

$$T_2(X_1,X_2,X_3)=\frac{1}{6}X_1+\frac{1}{3}X_2+\frac{1}{2}X_3,$$

$$T_3(X_1,X_2,X_3)=\frac{1}{7}X_1+\frac{3}{14}X_2+\frac{9}{14}X_3$$

都是总体 X 的数学期望 $E(X)$ 的无偏估计量，并指出哪一个最有效。

7. 一个车间生产滚珠，从某天产品里随机抽取 5 个，测得直径如下(单位：mm)：

14.6　15.1　14.9　15.2　15.1

如果知道该天产品直径的方差是 0.25，试找出平均直径的置信区间($\alpha=0.05$)。

8. 某商店购进一批桂圆，现从中随机抽取 8 包进行检查，结果如下(单位：g)：

505　502　499　501　498　497　499　501

已知这批桂圆的重量服从正态分布，试求该批桂圆每包平均重量的置信度为 0.95 的置信区间。

9. 岩石密度的测量误差服从正态分布，随机抽测 12 个样本，得 $s=0.2$，求 σ^2 的置信区间($\alpha=0.1$)。

10. 设某产品指标服从正态分布，它的标准差 σ 已知为 150 小时，今由一批产品中随机地抽取了 25 个，测得指标的平均值为 1637 小时，问在 5%的显著水平下，能否认为这批产品的指标为 1 600 小时?

11. 某制药厂生产一种抗菌素，已知在正常生产的情况下，每瓶抗菌素的某项指标服从均值为 22.3 的正态分布，某天开工后，测得 10 瓶的数据如下：

22.3　21.5　21.7　23.4　21.8　21.4　23.4　19.8　24.4　21.2

问生产是否正常($\alpha=0.05$)。

自测题 6

一、填空题

1. 统计量是指__________。

2. 比较估计量好坏的两个重要标准是__________、__________。

3. 设 $\hat{\theta}_1,\hat{\theta}_2$ 都是某总体参数 θ 的无偏估计，且 $D(\hat{\theta}_1)=1,D(\hat{\theta}_2)=4$，在评价估计量的准则中，$\hat{\theta}_1$ 和 $\hat{\theta}_2$ 中__________比__________更有效。

4. 设 $x_1,x_2,\cdots,x_n$ 是来自正态总体 $N(\mu,\sigma_0^2)$ 的样本值，σ_0^2 已知，按给定的 $\alpha(0<\alpha<1)$ 检验假设 $H_0:\mu=\mu_0$，此时需选取统计量__________。

5. 已知总体 $X\sim f(x,\theta)=\begin{cases}\frac{1}{\theta}e^{-\frac{x}{\theta}} & (x>0),\\ 0 & (x\leqslant 0),\end{cases}$ 则样本值 $x_1,x_2,\cdots,x_n$ 的似然函数 $L(\theta)=$__________。

二、选择题

1. 用于刻画总体平均状态的统计量是(　)。

A. 样本极差　　B. 样本方差

C. 样本均值　　D. 样本中位数

2. 设 $X_1,X_2,\cdots,X_n$ 是取自总体 $X\sim N(\mu,\sigma^2)$ 的一个样本，μ 为已知，σ^2 未知，则下列能构成统计量的是(　)。

A. $\frac{1}{n}\sum_{i=1}^{n}(X_i-\mu)^2$　　B. $\frac{1}{\sigma^2}\sum_{i=1}^{n}(X_i-\overline{X})^2$

C. $\frac{\overline{X}-\mu}{\sigma/\sqrt{n}}$　　D. $\frac{\overline{X}-\mu}{\sigma}$

3. 设 X_1,X_2 为来自总体 X 的简单随机样本，则总体均值 μ 的一个无偏估计量是(　)。

A. $X_1+\frac{1}{2}X_2$　　B. X_1+2X_2

C. $\frac{1}{3}X_1+\frac{2}{3}X_2$　　D. $\frac{1}{2}X_1+\frac{1}{3}X_2$

4. 设 $X_1,X_2,\cdots,X_n(n>1)$为取自总体 $X\sim N(\mu,4)$的样本，$\overline{X}=\frac{1}{n}\sum_{i=1}^{n}X_i$，则下列正确的是（　）。

A. $\overline{X}\sim N(\mu,4)$　　B. $\overline{X}\sim N\left(\mu,\frac{4}{n}\right)$

C. $\sum_{i=1}^{n}(X_i\sim\overline{X})^2\sim\chi^2(n-1)$　　D. $\frac{1}{n}\sum_{i=1}^{n}(X_i-\overline{X})^2\sim\chi^2(n-1)$

5. 设 $X_1,X_2,\cdots,X_n(n>2)$是取自总体 X 的一个样本，X 具有期望值 μ，那么下列统计量中，（　）是 μ 的最好的无偏估计。

A. $\frac{1}{n}\sum_{i=1}^{n}X_i$　　B. $\min_{1\leqslant i\leqslant n}\{X_i\}$

C. $\frac{1}{n-1}\sum_{i=1}^{n}X_i$　　D. $\frac{1}{2}(X_1+X_n)$

6. 对于给定的正态总体 $N(\mu,\sigma^2)$的一个样本 $X_1,X_2,\cdots,X_n$，σ^2 未知，求期望 μ 的置信区间，选用的统计量遵从（　）。

A. t 分布　　B. χ^2 分布

C. U 分布　　D. F 分布

三、计算题

1. 设由某总体抽得容量为 5 的样本 $-5,-3,-2,2,8$，试用矩估计法求总体方差 σ^2 的无偏估计值。

2. 已知总体 X 的概率密度为

$$f(x,\theta)=\begin{cases}\theta e^{-\frac{\theta}{2}x} & (x>0)\\ 0 & (x\leqslant 0)\end{cases},(\theta>0)$$

设 $X_1,X_2,\cdots,X_n$ 是取自总体 X 的一个样本，求 θ 的极大似然估计量。

3. 某种灯泡的使用寿命 $X\sim N(\mu,\sigma^2)$，今从中任意抽取 9 个，测得它们寿命的平均值为 $\bar{x}=1\,500$ 小时，标准差 $s=20$，求 μ 的置信度为 0.95的置信区间。

4. 某城市为调查每户职工的月收入情况，现抽测了 225 户职工的月收入，已知其月均收入 $\bar{x}=1\,500$ 元/户，标准差 $\sigma=200$，假设每户的月收入 X 服从正态分布，试求每户职工的月均收入的置信度为 0.9 的置信区间。

5. 设某产品的某指标服从标准差为 $\sigma=121$ 的正态分布，今随机抽取了一个容量为 31 的样本，计算得平均值为 1 585，问在显著水平 $\alpha=0.05$下，能否认为这批产品的此指标的期望值 μ 为 1 600?

第7章　Matlab 在线性代数与概率统计中的应用

内容提要：本章主要介绍：① Matlab 在线性代数中的行列式计算、矩阵的代数运算、求逆矩阵和矩阵的秩、求解线性方程组等方面的应用；② Matlab 在求随机变量的概率密度函数（概率分布律）和分布函数、计算样本的统计量和样本分布、区间估计和假设检验等方面的应用。

7.1　Matlab 在线性代数中的应用

在 Matlab 中，数据是以矩阵形式存贮和运算的，所以 Matlab 可以很方便地进行有关矩阵的计算。在输入矩阵时，可分行输入，也可以在同一行输入，此时在每一行结尾须加上分号（;）。如下列两种输入方法都可以：

```
A=[1  2  3  4
   5  6  7  8
   9  10  11  12]
A=[1  2  3  4; 5  6  7  8; 9  10  11  12]
```

若不想让 Matlab 每次都显示运算结果，只需在运算式最后加上分号（;）即可。例如：

```
A=[1  2  3  4; 5  6  7  8; 9  10  11  12];
```

7.1.1　行列式的计算

行列式求值用函数 det 表示。

例 7.1　求行列式 $b=\begin{vmatrix}1 & 5 & 2 & 1\\ 2 & 2 & 2 & 2\\ 3 & 1 & 2 & 0\\ 4 & 2 & 1 & 2\end{vmatrix}$ 的值。

解　在 Command 窗口输入(符号“%”后面是注释(同一行))。

```
a=[1  5  2  1;
   2  2  2  2;
   3  1  2  0;
   4  2  1  2];   %a 矩阵
b=det(a)   %函数 det 求行列式的值
```

屏幕上显示结果:b=

52

例 7.2　计算 $D=\begin{vmatrix}1 & 1 & 1\\ x & 3 & 4\\ x^2 & 9 & 16\end{vmatrix}$。

解　在 Command 窗口输入

```
x=sym('x')      %x 是符号变量
c=[1  1  1;
   x  3  4;
   x^2  9  16];
d=det(c)
```

屏幕上显示结果:d=

12-7*x+x^2

7.1.2　求矩阵的和差积商

矩阵的加法减法用(+)(-)表示,矩阵的乘法用(*)表示,矩阵的对应元素相乘用(.*)表示。矩阵的除法用(\)(/)表示,$a/b=a.b^{-1}$,$a\backslash b=a^{-1}.b$,矩阵的对应元素相除用(./)表示。

单位阵用函数 eye 表示,函数 zeros 形成全为零元素的矩阵,函数 ones 形成全为一的矩阵。

例 7.3　设 $\boldsymbol{a}=\begin{bmatrix}1&1&2&1\\2&1&1&2\\1&2&2&3\end{bmatrix}$，$\boldsymbol{b}=\begin{bmatrix}2&1&6&3\\3&3&2&4\\2&2&5&5\end{bmatrix}$，$\boldsymbol{c}=\begin{bmatrix}1&1&1\\2&3&4\\4&9&6\\3&2&3\end{bmatrix}$，

$\boldsymbol{d}=\begin{bmatrix}2&5&1&0\\1&3&3&1\\4&2&1&5\\3&0&1&2\end{bmatrix}$，求：$\boldsymbol{f}=\boldsymbol{a}+\boldsymbol{b}$，$\boldsymbol{g}=\boldsymbol{a}-\boldsymbol{b}$，$\boldsymbol{h}=\boldsymbol{a}*\boldsymbol{c}$，$\boldsymbol{i}=\boldsymbol{c}*\boldsymbol{a}$，

$\boldsymbol{j}=\boldsymbol{a}.*\boldsymbol{b}$，$\boldsymbol{k}=\boldsymbol{a}/\boldsymbol{d}$，$\boldsymbol{l}=\boldsymbol{a}./\boldsymbol{b}$，$\boldsymbol{m}=\boldsymbol{d}\backslash\boldsymbol{c}$。

解　在 Command 窗口输入

```
a=[1 1 2 1; 2 1 1 2 ; 1 2 2 3];
b=[2 1 6 3; 3 3 2 4 ; 2 2 5 5 ];
c=[1 1 1 ; 2 3 4; 4 9 6 ; 3 2 3 ];
d=[ 2 5 1 0 ; 1 3 3 1 ; 4 2 1 5 ; 3 0 1 2 ];
f=a+b;
g=a-b;
h=a*c;
i=c*a;                %矩阵乘法
j=a. *b               %对应元素相乘
k=a/d                 %=a. d
l=a. /b               %对应元素相除
m=d\c
f=
    3  2  8  4
    5  4  3  6
    3  4  7  8
g=
    -1   0  -4  -2
    -1  -2  -1  -2
    -1   0  -3  -2
```

```
h=
    14   24   20
    14   18   18
    22   31   30
i=
     4    4    5    6
    12   13   15   20
    28   25   29   40
    10   11   14   16
j=
    2   1   12    3
    6   3    2    8
    2   4   10   15
k=
   -0.1667   0.6404   -0.0439   0.2895
    0.0000   0.1579    0.2632   0.2632
   -0.3333   0.7544    0.7018  -0.6316
l=
   0.5000   1.0000   0.3333   0.3333
   0.6667   0.3333   0.5000   0.5000
   0.5000   1.0000   0.4000   0.6000
m=
    0.6667  -0.8333  -0.0000
   -0.1754   0.5351   0.0000
    0.5439  -0.0088   1.0000
    0.2281   2.2544   1.0000
```

7.1.3　求矩阵的逆矩阵，转置矩阵的秩

函数 inv 求逆矩阵，求转置矩阵用(′)，函数 rank 求矩阵的秩。

例 7.4 求矩阵 $\boldsymbol{a}=\begin{bmatrix}1 & -5 & 2 & 1\\ -3 & 2 & 6 & 7\\ 4 & 2 & -1 & 5\\ 3 & -2 & 4 & -6\end{bmatrix}$逆矩阵、转置矩阵、秩。

解 在 Command 窗口输入

$$a=\begin{bmatrix}1 & -5 & 2 & 1\\ -3 & 2 & 6 & 7\\ 4 & 2 & -1 & 5\\ 3 & -2 & 4 & -6\end{bmatrix}$$

```
b=inv(a)            %函数 inv 求逆矩阵
c=a*b               %c 是单位阵
d=b*a               %d 是单位阵
h=a                 %a 的转置
g=rank(a)           %函数 rank 求矩阵的秩
a=
     1   -5    2    1
    -3    2    6    7
     4    2   -1    5
     3   -2    4   -6
b=
     0.0119   -0.0366    0.1539    0.0875
    -0.1874    0.0380    0.0403    0.0467
    -0.0064    0.0967   -0.0060    0.1067
     0.0641    0.0334    0.0596   -0.0673
c=
     1.0000   -0.0000   -0.0000   -0.0000
    -0.0000    1.0000   -0.0000    0.0000
          0    0.0000    1.0000   -0.0000
     0.0000    0.0000    0.0000    1.0000
```

```
d=

    1.0000   -0.0000   0.0000    0.0000
         0    1.0000        0    0.0000
         0   -0.0000   1.0000   -0.0000
         0         0        0    1.0000

h=

     1   -5    2    1
    -3    2    6    7
     4    2   -1    5
     3   -2    4   -6

g=

    4
```

7.1.4　求解线性方程组

例 7.5　解线性方程组
$$\begin{cases} x_1-\dfrac{1}{2}x_2+\dfrac{1}{2}x_3-x_4=0, \\ x_1+x_2-x_3+x_4=10, \\ x_1-\dfrac{1}{4}x_2-x_3+x_4=0, \\ 8x_1+x_2-x_3-x_4=1。\end{cases}$$

解　在 Command 窗口输入 A=[1　1/2　1/2　-1;1　1　-1　1;1　-1/4　-1　1;8　1　-1　-1]; %系数矩阵

```
B=[0  10  0  1]';%列矩阵
X1=A\B             %解法 1
X2=inv(A)*B        %解法 2
X1=

     3.0000
     8.0000
    16.0000
    15.0000
```

```
X2=
     3.0000
     8.0000
    16.0000
    15.0000
```

例 7.6 解线性方程组 $\begin{cases} x_1 - x_2 + 3x_3 - x_4 = 1, \\ 2x_1 - x_2 - x_3 + 4x_4 = 2, \\ 3x_1 - 2x_2 + 2x_3 + 3x_4 = -3, \\ x_1 - 4x_2 + 5x_4 = -1。\end{cases}$

解 在 Command 窗口输入

```
A=[1 -1 3 -1; 2 -1 -1 4; 3 -2 2 3; 1 -4
      0 5];
b=[1 2 -3 -1]';
B=[A,b];
n=4;
rA=rank(A)
rB=rank(B)
  format rat          %指定有理式格式输出
if rA==rB&rA==n
  x=A\b
else if rA==rB&rA<n
x=A\b
C=null(A)
else
  x='equition no solve'
end
```

屏幕上显示结果：

```
n=
   4
```

```
rA=
    3
rB=
    4
x=
equition no solve
```

将上题中的 b,改为 b=[2　−2　0　−4]';重新输入

屏幕上显示结果:

```
n=
   4
rA=
    3
rb=
    3
Warning:Matrix is close to singular or badly scaled.
        Results may be inaccurate. RCOND = 1.708035e-
        017.
x=              %特解
     1
     0
     0
    -1
c=              %解空间的基础解系
    -1
     1
     1
     1
```

所以方程的通解是 $\boldsymbol{x}=\begin{pmatrix}1\\0\\0\\1\end{pmatrix}+k\begin{pmatrix}-1\\1\\1\\1\end{pmatrix}$。

7.2 Matlab 在概率论中的应用

求离散型随机变量的概率分布律或连续型随机变量的概率密度函数,在 Matlab 中用函数 pdf,求概率分布函数在 Matlab 中用函数 cdf。

7.2.1 离散型的二项分布、泊松分布

1. 二项分布

binopdf(k,n,p)$=P(\xi=k)=C_n^k p^k q^{n-k}$ %二项分布的概率分布律

binocdf(x,n,p)$=\sum_{i=0}^{x} C_n^i p^i q^{n-i}$ %二项分布的概率分布函数,n 是试验次数

例 7.7 电灯泡使用时数在 1000 小时以上的概率为 0.2,求三个灯泡在使用 1000 小时以后最多只有一个坏了的概率。

解 在 Command 窗口输入(符号“%”后面是注释(同一行))。

binocdf(1,3,0.8) %$=\sum_{i=0}^{1} C_3^i(0.8)^i(0.2)^{3-i}$

屏幕上显示结果:ans=

0.1040

例 7.8 一批产品中有 30%的一等品,进行重复抽样检查,共取 5 样品,求:

① 取出的 5 个样品中恰有 2 个一等品的概率;

② 取出的 5 个样品中至少有 2 个一等品的概率。

解 ① 在 Commsnd 窗口输入

binocdf(2,5,0.3)−binocdf(1,5,0.3)

② 在 Commsnd 窗口输入

binocdf(1,5,0.3)

屏幕上显示结果(1)ans＝

0.3087

(2) ans＝

0.5282

例 7.9　设某射手每次射击打中目标的概率为 0.8,现连续射击 30 次,设随机变量 ξ 表示“击中目标的次数”,求 ξ 的概率分布律。

解　在 Commsnd 窗口输入

binopdf([0∶30],30,0.8)

屏幕上显示结果:ans＝

Columns 1 through 6

0.0000　0.0000　0.0000　0.0000　0.0000　0.0000

Columns 7 through 12

0.0000　0.0000　0.0000　0.0000　0.0000　0.0000

Columns 13 through 18

0.0000　0.0000　0.0000　0.0002　0.0007　0.0022

Columns 19 through 24

0.0064　0.0161　0.0355　0.0676　0.1106　0.1538

Columns 25 through 30

0.1795　0.1723　0.1325　0.0785　0.0337　0.0093

Column 31

0.0012

2. 泊松分布

poisspdf(k,t)$=\frac{t^k}{k!}e^{-t}$　%泊松分布的概率分布律

poisscdf(k,t)$= e^{-t}\sum_{i=0}^{k}\frac{t^i}{i!}$　%泊松分布的概率分布函数

例 7.10　在 Command 窗口输入

poisscdf(1,8)

poisspdf([0:5],8)

屏幕上显示结果:ans=

ans=

    0.0030

ans=

    0.0003   0.0027   0.0107   0.0286   0.0573   0.0916

例 7.11 某市信息台在长度为 t 的时间间隔内收到的呼叫次数服从参数为 $4t$ 的泊松分布,且与时间间隔的起点无关(时间以分钟计),求:

① 在一分钟内收到呼叫 7 次的概率

② 在三分钟内收到呼叫次数大于 10 次的概率

解 在 Command 窗口输入

poisspdf(7,4)

1−poisscdf(10,12)

屏幕上显示结果:ans=

0.0595

ans=

0.6528

7.2.2 连续型的三个常用分布

1. 指数分布

指数分布的概率密度函数 $\text{exppdf}(x,\lambda)=\begin{cases}\dfrac{1}{\lambda}e^{-\frac{x}{\lambda}} & (x>0),\\ 0 & (x\leqslant 0)。\end{cases}$

指数分布的概率分布函数 $\text{expcdf}(x,\lambda)=\int_0^x \dfrac{1}{\lambda}e^{-\frac{x}{\lambda}}dx = 1-\dfrac{1}{\lambda}e^{-\frac{x}{\lambda}}$。

例 7.12 已知某种电子管的寿命 ξ(小时)服从指数分布

$$\varphi(x)=\begin{cases}\dfrac{1}{1\,000}e^{-\frac{x}{1000}} & (x>0),\\ 0 & (x\leqslant 0)\end{cases}$$

求这种电子管能使用 1000 小时以上的概率。

解　在 Command 窗口输入

1－expcdf(1000,1000)

屏幕上显示结果：ans＝

0.3679

2. 正态分布

正态分布的概率密度函数 $normpdf(x,\mu,\sigma)=\dfrac{1}{\sqrt{2\pi\sigma}}e^{-\frac{(x-u)^2}{2\sigma^2}}$。

正态分布的概率分布函数 $normcdf(x,\mu,\sigma)=\int_{-\infty}^{x}\dfrac{1}{\sqrt{2\pi\sigma}}e^{-\frac{(t-u)^2}{2\sigma^2}}dt$。

例 7.13　设 $\xi\sim N(3,0.5^2)$，求：

① $P(2.5<\xi<3.75)$；

② $P(\xi>2)$。

解　① 在 Command 窗口输入

normcdf(3.75,3,0.5)－normcdf(2.5,3,0.5)

② 在 Command 窗口输入

1－normcdf(2,3,0.5)

屏幕上显示结果：ans＝

0.7745

ans＝

0.9772

例 7.14　设 $\ln x\sim N(1,3^2)$，求 $P\left(\frac{1}{3}<\xi<2\right)$。

解　在 Command 窗口输入

normcdf(log(2),1,3)－normcdf(log(1/3),1,3)

屏幕上显示结果：ans＝

0.2172

3. 均匀分布

均匀分布的概率密度函数 $unifpdf(x,a,b)$。

均匀分布的概率分布函数 $unifcdf(x,a,b)=\int_a^x \frac{1}{b-a}\mathrm{d}t$。

例 7.15 某轮渡站从上午 6:00 起每 10 分钟来一班船。若乘客在 9:00 到 10:00 之间的任何时刻到达此站是等可能的，试求他候船时间不到 7 分钟的概率。

解 在 Command 窗口输入

unifcdf(10,0,10)－ unifcdf (3,0,10)

屏幕上显示结果：ans＝

0.7000

4. disttool 交互演示

例 7.16 在 Command 窗口输入

disttool 出现交互演示窗口

在 normal 中选择函数名称。

cdf 是概率分布函数，pdf 是离散型的分布律或连续型的概率密度函数。

再在相关分框中确定参数的值（或移动鼠标）可得到概率密度函数或分布函数的图形及相关数值。

7.3 Matlab 在数理统计中的应用

7.3.1 样本的统计量与样本分布

1. 样本均值

样本均值 $\overline{X}$ 用函数 mean(x)，其中数组 x 表示一个样本（以下同）。

例 7.17 在 Command 窗口输入

a=[－1 3 5 8 11 －4 5]；

mean(a)

屏幕上显示结果：ans=

3.8571

2. 样本标准差

样本标准差用函数 std(x)或 std(x,1)，两者区别如下：

$$\text{std}(x)=\sqrt{\frac{1}{n-1}\sum_{i=1}^{n}(x_i-\bar{x})^2}。$$

$$\text{std}(x,1)=\sqrt{\frac{1}{n}\sum_{i=1}^{n}(x_i-\bar{x})^2}。$$

例 7.18　在 Command 窗口输入

```
b=[3  5  8  12  -3  -7  6];
std(b)
```

屏幕上显示结果：ans=

6.0527

3. 样本方差

样本方差用函数 var(x)或 var(x,1)，两者区别如下：

$$\text{var}(x)=\frac{1}{n-1}\sum_{i=1}^{n}(x_i-\bar{x})^2。$$

$$\text{var}(x,1)=\frac{1}{n}\sum_{i=1}^{n}(x_i-\bar{x})^2。$$

例 7.19　在 Command 窗口输入

```
x=[1  3  5  9];
var(x)
var(x,1)
```

屏幕上显示结果：ans=

11.6667

ans=

8.7500

4. χ^2 分布

χ^2 分布用函数 chi2cdf(x,n)。

5. t 分布

t 分布用函数 tcdf(x,n)。

6. F 分布

F 分布用函数 fcdf(x,n_1,n_2)。

7.3.2 参数估计

1. 最大似然估计

最大似然估计用函数 mle。

phat=mle('*dist*',*data*),%其中 phat 是最大似然估计值,dist 是分布函数,data 是数据。

[phat,pci]=mle('*dist*',*data*,α),%其中 pci 是置信度为 $1-\alpha$ 的置信区间

例 7.20 在 Command 窗口输入

rv=binornd(20,0.75);%试验次数 20,每次试验中事件发生的概率为 0.75

[p,pci]=mle('bino',rv,0.05,20) %'bino'表示二项分布

屏幕上显示结果:

```
p=   %最大似然估计值为 0.6500
  0.6500
pci=
    0.4078
    0.8461  %置信区间
```

2. 参数估计与置信区间

例 7.21 已知某厂生产的滚珠直径 $X\sim N(\mu,\sigma^2)$,从某天生产的滚珠中抽取 6 个,测得直径为

$$14.6,15.1,14.9,14.8,15.2,15.1,$$

求 μ 的置信度为 0.95 的置信区间。

解 在 Command 窗口输入

```
x=[14.6  15.1  14.9  14.8  15.2  15.1];
[a  b  c  d]=normfit(x,0.05)
```

屏幕上显示结果：a＝

　　14.9500　%样本均值

b＝

　　0.2258　%样本标准差

c＝

　　14.7130

　　15.1870　%μ 的置信区间

d＝

　　0.1410

　　0.5539

7.3.3　假设检验

1. U 检验

U 检验用函数 ztest(x,m,sigma,alpha)。X 表示样本，m 表示样本均值，sigma 表示显著性水平

例 7.22　某种零件的尺寸方差为 $\sigma^2=1.21$，对一批这类零件检查 6 件，得尺寸数据

32.56,29.66,31.64,30.00,31.87,31.03,

当置信度 $\alpha=0.05$ 时，问这批零件的平均尺寸能否认为是 32.50(零件尺寸服从正态分布)？

解　在 Command 窗口输入

```
x=[32.56  29.66  31.64  30.00  31.87  31.03];  %样本
m=mean(x);  %样本均值
[h,sig,ci]=ztest(x,m,1.1,0.05)
```

屏幕上显示结果：h＝

　　0　%　0 表示不能拒绝原假设

sig＝　%　significance level

　　1

ci＝

　　30.2465　32.0068　%置信区间

2. T 检验

T 检验用函数 ttest(x,m,alpha)。

例 7.23 某制药厂生产一种抗菌素,已知在正常生产情况下,每瓶抗菌素的某项指标服从均值为 22.3 的正态分布。某天开工后,测得 10 瓶的数据如下:

22.3, 21.5, 21.7, 23.4, 21.8, 21.4, 23.4, 18.9, 24.4, 21.2

问生产是否正常?

解 在 Command 窗口输入

```
x=[22.3  21.5  21.7  23.4  21.8  21.4  23.4  18.9
    24.4  21.2];
m=mean(x)
[h,sig,ci]=ttest(x,m)
```

屏幕上显示结果:

```
m=
    22
h=
    0
sig=
    1
ci=
    20.9135   23.0865
```

小 结

通过本章的学习要能够① 应用 Matlab 计算行列式、进行矩阵的代数运算、求逆矩阵和矩阵的秩、解线性方程组;② 应用 Matlab 求随机变量的概率密度函数(概率分布律)、分布函数、计算样本的统计量和样本分布、进行区间估计和假设检验。

习题 7

用 Matlab 软件求解以下问题：

1. 求行列式 $\begin{vmatrix} 2 & 1 & -5 & 1 \\ 1 & -3 & 0 & -6 \\ 0 & 2 & -1 & 2 \\ 1 & 4 & -7 & 6 \end{vmatrix}$ 的值。

2. 设 $\boldsymbol{A}=\begin{bmatrix} 1 & 2 & 3 \\ 2 & 2 & 1 \\ 3 & 4 & 3 \end{bmatrix}$，$\boldsymbol{B}=\begin{bmatrix} 1 & 2 & 3 \\ 2 & 3 & 9 \\ 3 & 5 & 12 \end{bmatrix}$，求：

① $3\boldsymbol{A}+\boldsymbol{B}$；

② $\boldsymbol{A}^{\mathrm{T}}B$；

③ $\boldsymbol{A}^{-1}$；

④ $\mathrm{r}(\boldsymbol{B})$.

3. 解线性方程组 $\begin{cases} 2x_1+x_2-5x_3+x_4=8, \\ x_1-3x_2-6x_4=9, \\ 2x_2-x_3+2x_4=-5, \\ x_1+4x_2-7x_3+6x_4=0。 \end{cases}$

4. 解线性方程组 $\begin{cases} x_1+x_2+x_3=0, \\ 2x_1+x_2+x_3-x_4=1, \\ x_1-3x_2-x_3+2x_4=2, \\ x_2+x_3+x_4=-1。 \end{cases}$

5. 某人一次投篮命中率为 0.7，现投篮 1 次，求命中次数的概率分布律。

6. 已知一组样本值：

1050，1100，1080，1120，1200，1250，1040，1130，1300，1200，

求样本均值、样本方差和标准差。

7. 假定初生男婴的体重服从正态分布，随机抽取 12 名新生男婴，测其体重(单位：kg)为

3100，2520，3000，3000，3600，3160，3560，

3320，2880，2600，3400，2540。

试以95%的置信度来估计新生男婴的平均体重。

8. 打包机装糖入包，每包标准重为100kg，每天开工后，要检验所装糖包的总体期望值是否合乎标准。某天开工后，测得9包糖重如下(单位:kg)：

99.3，98.7，100.5，98.3，99.7，99.5，102.1，100.5，

打包机装糖的包重服从正态分布，问该天打包机工作是否正常($\alpha=0.05$)?

附表

附表 1　函数 $\Phi(x)=\frac{1}{\sqrt{2\pi}}\int_{-\infty}^{x} e^{-\frac{t^2}{2}}dt$ 数值表

x	0	1	2	3	4	5	6	7	8	9
0.0	0.500 0	504 0	508 0	512 0	516 0	519 9	523 9	527 9	531 9	535 9
0.1	539 8	543 8	547 8	551 7	555 7	559 6	563 6	567 5	571 4	575 3
0.2	579 3	583 2	587 1	591 0	594 8	598 7	602 6	606 4	610 3	614 1
0.3	617 9	621 7	625 5	629 3	633 1	636 8	640 6	644 3	648 0	651 7
0.4	655 4	659 1	662 8	666 4	670 0	673 6	677 2	680 8	684 4	687 9
0.5	691 5	695 0	698 5	701 9	705 4	708 8	712 3	715 7	719 0	722 4
0.6	725 7	729 1	732 4	735 7	738 9	742 2	745 4	748 6	751 7	754 9
0.7	758 0	761 1	764 2	767 3	770 3	773 4	776 4	779 4	782 3	785 2
0.8	788 1	791 0	793 9	796 7	799 5	802 3	805 1	807 8	810 6	813 3
0.9	815 9	818 6	821 2	823 8	826 4	828 9	831 5	834 0	836 5	838 9
1.0	841 3	843 8	846 1	848 5	850 8	853 1	855 4	857 7	859 9	862 1
1.1	864 3	866 5	868 6	870 8	872 9	874 9	877 0	879 0	881 0	883 0
1.2	884 9	886 9	888 8	890 7	892 5	894 4	896 2	898 0	899 7	901 5
1.3	903 2	904 9	906 6	908 2	909 9	911 5	913 1	914 7	916 2	917 7
1.4	919 2	920 7	922 2	923 6	925 1	926 5	927 9	929 2	930 6	931 9
1.5	933 2	934 5	935 7	937 0	938 2	939 4	940 6	941 8	942 9	944 1
1.6	945 2	946 3	947 4	948 4	949 5	950 5	951 5	952 5	953 5	954 5
1.7	955 4	956 4	957 3	958 2	959 1	959 9	960 8	961 6	962 5	963 3
1.8	964 1	964 9	965 6	966 4	967 1	967 8	968 6	969 3	969 9	970 6
1.9	971 3	971 9	972 6	973 2	973 8	974 4	975 0	975 6	976 1	976 7
2.0	977 2	977 8	978 3	978 8	979 3	979 8	980 3	980 8	981 2	981 7
2.1	982 1	982 6	983 0	983 4	983 8	984 2	984 6	985 0	985 4	985 7
2.2	986 1	986 5	986 8	987 1	987 5	987 8	988 1	988 4	988 7	989 0
2.3	989 3	989 6	989 8	990 1	990 4	990 6	990 9	991 1	991 3	991 6
2.4	991 8	992 0	992 2	992 5	992 7	992 9	993 1	993 2	993 4	993 6
2.5	993 8	994 0	994 1	994 3	994 5	994 6	994 8	994 9	995 1	995 2
2.6	995 3	995 5	995 6	995 7	995 9	996 0	996 1	996 2	996 3	996 4
2.7	996 5	996 6	996 7	996 8	996 9	997 0	997 1	997 2	997 3	997 4
2.8	997 4	997 5	997 6	997 7	997 7	997 8	997 9	997 9	998 0	998 1
2.9	998 1	998 2	998 2	998 3	998 4	998 4	998 5	998 5	998 6	998 6

（续表）

x	$\Phi(x)$	x	$\Phi(x)$	x	$\Phi(x)$
3.0	0.998 65	4.0	0.999 968	5.0	0.999 999 7
3.1	999 03	4.1	999 979		
3.2	999 31	4.2	999 987		
3.3	999 52	4.3	999 991		
3.4	999 66	4.4	999 995		
3.5	999 77	4.5	999 997		
3.6	999 84	4.6	999 998		
3.7	999 89	4.7	999 999		
3.8	999 93	4.8	9999 992		
3.9	999 95	4.9	9999 995		

附表 2　满足等式 $P(\chi^2 \geqslant \chi_\alpha^2(k)) = \alpha$ 的 $\chi_\alpha^2(k)$ 数值表

k \ α	0.995	0.99	0.975	0.95	0.90	0.75	0.50	0.25	0.10	0.05	0.025	0.01	0.005
1	$0.0^4 4$	$0.0^3 2$	0.001	0.004	0.015	0.102	0.455	1.32	2.71	3.84	5.02	6.44	7.88
2	0.010	0.020	0.051	0.103	0.211	0.575	1.39	2.77	4.61	5.99	7.38	9.21	10.6
3	0.072	0.115	0.216	0.352	0.584	1.21	2.37	4.11	6.25	7.82	9.35	11.3	12.8
4	0.207	0.297	0.484	0.711	1.06	1.92	3.36	5.39	7.78	9.49	11.1	13.3	14.9
5	0.412	0.554	0.831	1.15	1.61	2.67	4.35	6.63	9.24	11.1	12.8	15.1	16.7
6	0.676	0.872	1.24	1.64	2.20	3.45	5.35	7.84	10.6	12.6	14.4	16.8	18.5
7	0.989	1.24	1.69	2.17	2.83	4.25	6.35	9.04	12.0	14.1	16.0	18.5	20.3
8	1.34	1.65	2.18	2.73	3.49	5.07	7.34	10.2	13.4	15.5	17.5	20.1	22.0
9	1.73	2.09	2.70	3.33	4.17	5.90	8.34	11.4	14.7	16.9	19.0	21.7	23.6
10	2.16	2.56	3.25	3.94	4.87	6.74	9.34	12.5	16.0	18.3	20.5	23.2	25.2
11	2.60	3.05	3.82	4.57	5.58	7.58	10.3	13.7	17.3	19.7	21.9	24.7	26.8
12	3.07	3.57	4.40	5.23	6.30	8.44	11.3	14.8	18.5	21.0	23.3	26.2	28.3
13	3.57	4.11	5.01	5.89	7.04	9.30	12.3	16.0	19.8	22.4	24.7	27.7	29.8
14	4.07	4.66	5.63	6.57	7.79	10.2	13.3	17.1	21.1	23.7	26.1	29.1	31.3
15	4.60	5.23	6.26	7.26	8.55	11.0	14.3	18.2	22.3	25.0	27.5	30.6	32.8

（续表）

k \ α	0.995	0.99	0.975	0.95	0.90	0.75	0.50	0.25	0.10	0.05	0.025	0.01	0.005
16	5.14	5.81	6.91	7.96	9.31	11.9	15.3	19.4	23.5	26.3	28.8	32.0	34.3
17	5.70	6.41	7.56	8.67	10.1	12.8	16.3	20.5	24.6	27.6	30.2	33.4	35.7
18	6.26	7.02	8.23	9.39	10.9	13.7	17.3	21.6	26.0	28.9	31.5	34.8	37.2
19	6.84	7.63	8.91	10.1	11.7	14.6	18.3	22.7	27.2	30.1	32.9	36.2	38.6
20	7.43	8.26	9.59	10.9	12.4	15.5	19.3	23.8	28.4	31.4	34.2	37.6	40.0
21	8.03	8.90	10.3	11.6	13.2	16.3	20.3	24.9	29.6	32.7	35.5	38.9	41.4
22	8.64	9.54	11.0	12.3	14.0	17.2	21.3	26.0	30.8	33.9	36.8	40.3	42.8
23	9.26	10.2	11.7	13.1	14.8	18.1	22.3	27.1	32.0	35.2	38.1	41.6	44.2
24	9.89	10.9	12.4	13.8	15.7	19.0	23.3	28.2	33.2	36.4	39.4	43.0	45.6
25	10.5	11.5	13.1	14.6	16.5	19.9	24.3	29.3	34.4	37.7	40.6	44.3	46.9
26	11.2	12.2	13.8	15.4	17.3	20.8	25.3	30.4	35.6	38.9	41.9	45.6	48.3
27	11.8	12.9	14.6	16.2	18.1	21.7	26.3	31.5	36.7	40.1	43.2	47.0	49.6
28	12.5	13.6	15.3	16.9	18.9	22.7	27.3	32.6	37.9	41.3	44.5	48.3	51.0
29	13.1	14.3	16.0	17.7	19.8	23.6	28.3	33.7	39.1	42.6	45.7	49.6	52.3
30	13.8	15.0	16.8	18.5	20.6	24.5	29.3	34.8	40.3	43.8	47.0	50.9	53.7
40	20.7	22.2	24.4	26.5	29.1	33.7	39.3	45.6	51.8	55.8	59.3	63.7	66.8
50	28.0	29.7	32.4	34.8	37.7	42.9	49.3	56.3	63.2	67.5	71.4	76.2	79.5
60	35.5	37.5	40.5	43.2	46.5	52.3	59.3	67.0	74.4	79.1	83.3	88.4	92.0

附表 3 满足等式 $P(t \geqslant t_\alpha(k)) = \alpha$ 的 $t_\alpha(k)$ 数值表

k \ α	0.45	0.40	0.35	0.30	0.25	0.20	0.15	0.10	0.05	0.025	0.01	0.005
1	0.158	0.325	0.510	0.727	1.000	1.376	1.963	3.08	6.31	12.71	31.8	63.7
2	142	289	445	617	0.816	1.061	1.386	1.886	2.92	4.30	6.96	9.92
3	137	277	424	584	765	0.978	1.250	1.638	2.35	3.18	4.54	5.84
4	134	271	414	569	741	941	1.190	1.533	2.13	2.78	3.75	4.60
5	132	267	408	559	727	920	1.156	1.476	2.02	2.57	3.36	4.03

（续表）

k \ α	0.45	0.40	0.35	0.30	0.25	0.20	0.15	0.10	0.05	0.025	0.01	0.005
6	131	265	404	553	718	906	1.134	1.440	1.943	2.45	3.14	3.71
7	130	263	402	549	711	896	1.119	1.415	1.895	2.36	3.00	3.50
8	130	262	399	546	706	889	1.108	1.397	1.860	2.31	2.90	3.36
9	129	261	398	543	703	883	1.100	1.383	1.833	2.26	2.82	3.25
10	129	260	397	542	700	879	1.093	1.372	1.812	2.23	2.76	3.17
11	129	260	396	540	697	876	1.088	1.363	1.796	2.20	2.70	3.11
12	128	259	395	539	695	873	1.083	1.356	1.782	2.18	2.68	3.06
13	128	259	394	538	694	870	1.079	1.350	1.771	2.16	2.65	3.01
14	128	258	393	537	692	868	1.076	1.345	1.761	2.14	2.62	2.98
15	128	258	393	536	691	866	1.074	1.341	1.753	2.13	2.60	2.95
16	128	258	392	535	690	865	1.071	1.337	1.746	2.12	2.58	2.92
17	128	257	392	534	689	863	1.069	1.333	1.740	2.11	2.57	2.90
18	127	257	392	534	688	862	1.067	1.330	1.734	2.10	2.55	2.88
19	127	257	391	533	688	861	1.066	1.328	1.729	2.09	2.54	2.86
20	127	257	391	533	687	860	1.064	1.325	1.725	2.09	2.53	2.85
21	127	257	391	532	686	859	1.063	1.323	1.721	2.08	2.52	2.83
22	127	256	390	532	686	858	1.061	1.321	1.717	2.07	2.51	2.82
23	127	256	390	532	685	858	1.060	1.319	1.714	2.07	2.50	2.81
24	127	256	390	531	685	857	1.059	1.318	1.711	2.06	2.49	2.80
25	127	256	390	531	684	856	1.058	1.316	1.708	2.06	2.48	2.79
26	127	256	390	531	684	856	1.058	1.315	1.706	2.06	2.48	2.78
27	127	256	389	531	684	855	1.057	1.314	1.703	2.05	2.47	2.77
28	127	256	389	530	683	855	1.056	1.313	1.701	2.05	2.47	2.76
29	127	256	389	530	683	854	1.055	1.311	1.699	2.04	2.46	2.76
30	127	256	389	530	683	854	1.055	1.310	1.697	2.04	2.46	2.75
40	126	255	388	529	681	851	1.050	1.303	1.684	2.02	2.42	2.70

（续表）

k \ α	0.45	0.40	0.35	0.30	0.25	0.20	0.15	0.10	0.05	0.025	0.01	0.005
60	126	254	387	527	679	848	1.046	1.296	1.671	2.00	2.39	2.66
120	126	254	386	526	677	845	1.041	1.289	1.658	1.980	2.36	2.62
∞	0.126	0.253	0.385	0.524	0.674	0.842	1.036	1.282	1.645	1.960	2.33	2.58